KB173483

숫자로 끝내는

화학 100

숫자로 끝내는

화학 100

초판 1쇄 인쇄일 2019년 6월 29일
초판 1쇄 발행일 2019년 7월 5일

지은이 조엘 레비 **옮긴이** 곽영직
펴낸이 김지영 **펴낸곳** 지브레인Gbrain
편집 김현주, 백상열
제작 · 관리 김동영 **마케팅** 조명구

출판등록 2001년 7월 3일 제2005-000022호
주소 04021 서울시 마포구 월드컵로7길 88 2층
전화 (02)2648-7224 **팩스** (02)2654-7696

ISBN 978-89-5979-613-7(04430)
978-89-5979-616-8(SET)

- 책값은 뒤표지에 있습니다.
- 잘못된 책은 교환해 드립니다.

숫자로 끝내는

화학 100

조엘 레비 지음 곽영직 옮김

CONTENTS

CHEMISTRY
S
Si
H
BaCl2
O
Br

CONTENTS

H
CO_2
m=n×M
$Na_2B_4O_7$
CH_4
H_2O
H_2SO_4
Mn

머리말

15세기의 신학자이자 자연철학자였던 니콜라우스 쿠자누스Nicolaus Cusanus는 "수야말로 지혜로 이끌어주는 가장 중요한 열쇠"라고 말했다. 플라톤의 철학을 계승한 니콜라우스는 물질세계가 이데아 세계의 그림자에 지나지 않으며, 이데아의 세계를 엿볼 수 있는 유일한 방법은 수라는 프리즘을 통해서 보는 것이라고 믿었다. 자연은 수라는 언어로 쓴 책이라고 말했던 갈릴레이도 수에 대해 비슷한 생각을 가지고 있었다.

수의 중요성은 물질과 물질의 변환을 연구하는 '물질의 과학'인 화학에서도 종종 확인할 수 있다. 사실 화학은 옛날의 연금술처럼 분말로 만든 소량의 과망간산염을 용매와 섞거나 생석회 가루를 분젠버너로 태우는 것과 같은 실험을 할 때 가장 그럴듯해 보인다. 마시는 약이나 찜질 약을 만들 때 수를 필요로 하는 사람이 있을까? 그런데 수를 사용하지 않은 것이 연금술의 실패와 잘못된 출발의 근본 원인이었다. 수는 연금술의 마술과 신비를 화학이라는 과학으로 바꾸어놓았다. 자연철학자들의 연구가 언어와 비밀스러운 상징으로 인한 모호함에서 벗어나 성분을 정량화하기 시작하고서야 모호했던 기술과 취급 방법이 한 차원 높은 과학으로 탈바꿈할 수 있었다.

《숫자로 끝내는 화학 100》은 화학의 역사에서 수의 중요성을 잘 보여주고 있다. 이 책에서 다룬 수들은 화학에서 가장 중요하고 가장 흥미 있는 수들로, 물질에 관한 초기 이론이나 화학 법칙의 기원, 화학이 과학으로 발전해가는

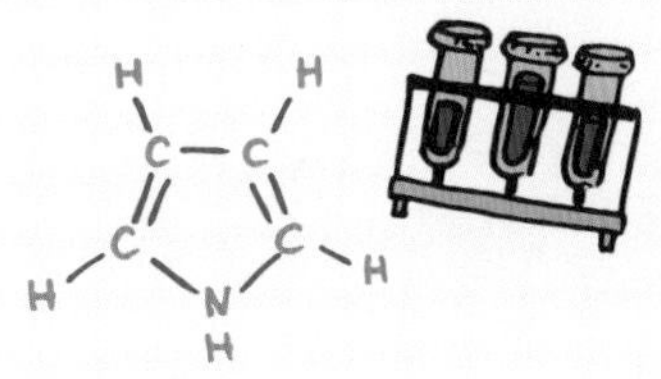

과정과 관련 있는 것들이다. 지구 상에 살고 있는 생명체들에게 가장 중요한 양들과 함께 자연에서 가장 기본적인 상수 역시 이 책에서 다뤘다. 또 수들에 대한 설명과 함께 화학의 핵심 개념도 쉬운 용어로 설명했다. 따라서 이 책은 재료과학에서 원자핵화학 그리고 주기율표에서 독극물에 이르기까지 화학 전반에 걸친 완전한 입문서가 될 수 있을 것이다.

무엇보다도 이 책에 실려 있는 100개의 수는 온갖 흥미 있는 사실들로 우리를 안내해준다. 어떤 화학 과정이 우리 몸을 구성하는 단백질의 반을 공급하고 있는가? 지구 기후에서 350보다 큰 수가 나쁜 수인 이유는? 왜 마리 퀴리의 노트는 위험한가? 어떻게 스카치테이프는 두 러시아 출신 과학자에게 노벨상을 안겨주었나? 왜 고대 그리스 철학자들이 늘어나는 원소로 어려움을 겪었나? 왜 다이아몬드는 알려진 물질 중에서 가장 단단한 물질이 아닌가? 고대 이집트인들의 미라 만드는 기술은 주기율표와 어떤 관계가 있는가? 조리할 때 알코올이 모두 날아간다는 것은 왜 사실이 아닌가? 스테이크를 굽기 전에 종이 수건으로 물기를 빨아들여야 하는 이유는? 어떻게 빛의 속도를 조절할 수 있을까? 원소들 중 '냄새나는'이라는 뜻이나 도깨비의 이름을 가지게 된 이유는 무엇인가? 갈릴레이에게는 미안하지만 이것은 자연의 언어로 쓴 수들에 관한 책이다.

−92.4

하버법의 엔탈피(kJ/mol)

92.4는 하버법을 통해 1몰의 암모니아를 합성할 때 방출되는 에너지를 KJ 단위로 나타낸 양이다. 1몰은 분자가 아보가드로수만큼 있을 때의 물질의 양을 말한다(168쪽 참조). 엔탈피는 어떤 계의 열량 변화를 나타내는 양이다. 반응이 일어나는 동안 에너지를 방출하는 화학반응을 발열반응이라고 한다. 발열반응의 엔탈피는 음수로 나타내기 때문에 하버법의 엔탈피에 − 부호가 붙은 것은 하버법이 발열반응이라는 것을 나타낸다.

이 책의 각 항목은 숫자를 중심으로 독립적인 내용을 다룬 만큼 첫 번째 항목에 특별한 의미를 부여할 필요는 없다. 하지만 가장 많은 사람들에게 영향을 주었다는 면에서 보면 하버법의 발견은 인류 역사상의 화학반응 관련 발견들 중 가장 중요한 것이었다. 따라서 하버법(일반적으로 하버-보슈법이라고도 불리는)은 첫 번째 항목으로 다루기에 적절한 주제다.

하버법은 사람에게도 엄청난 중요성을 가진다. 우리 몸을 이루고 있는 질소의 반 정도는 하버법의 영향을 받았기 때문이다. 질소는 근육, 효소, 세포 구조를 비롯해 우리 몸을 구성하는 많은 부분을 만드는 데 필요한 생명 분자인 단백질의 주요 구성 성분이다.

질소의 고정

하버-보슈법은 산업 규모에서 질소를 고정하는 일련의 화학반응이다. 단백질을 만드는 데 필요한 질소는 식물이나 동물의 성장을 위

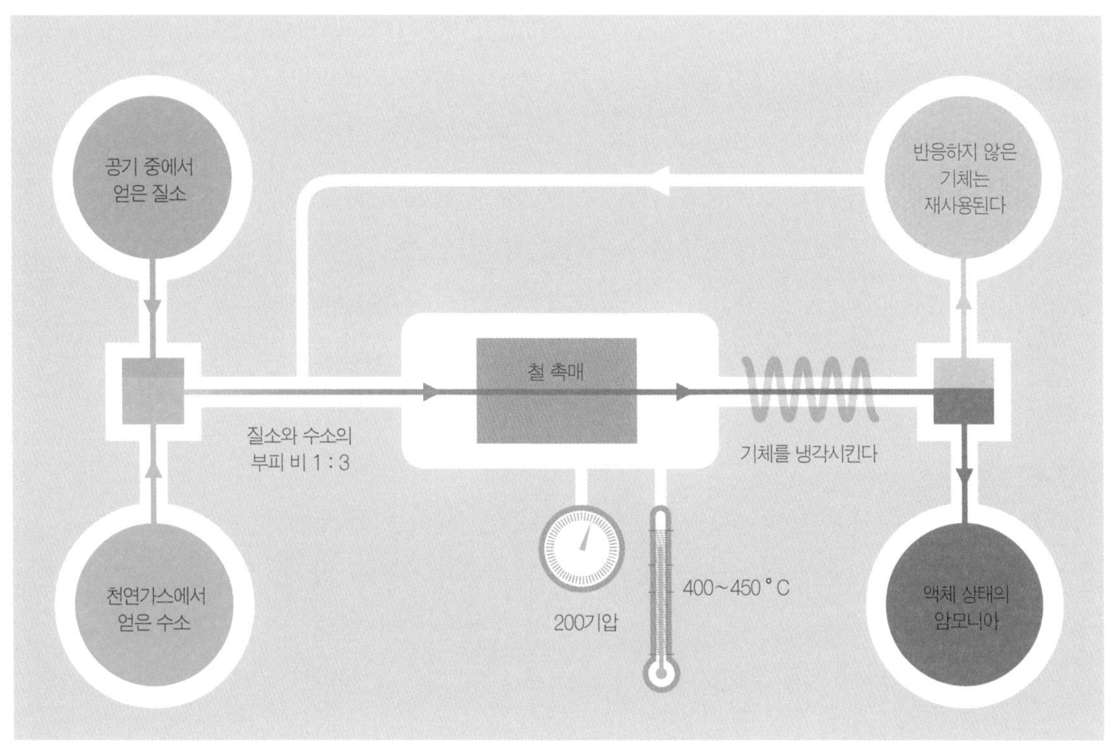

▲ 하버법의 중요한 단계를 보여주는 도표. 반응실의 높은 온도와 압력에서 질소와 수소가 반응하여 암모니아를 합성한다.

해 꼭 필요한 원소로 공기 중에 많이 포함되어 있다. 그러나 공기 중의 질소는 화학반응을 잘 하지 않기 때문에 식물의 성장 과정과 같은 생물학적 반응에서 사용할 수 없다. 질소를 고정한다는 것은 질소를 다른 원소와 결합시켜 생물학적 반응에서 이용할 수 있는 화합물로 만드는 것을 말한다. 이런 화합물은 비료를 생산하는 데 사용된다.

1909년에 독일의 화학자 프리츠 하버Fritz Haber는 일정한 압력에서 촉매로 질소 기체와 수소 기체를 반응시켜 암모니아(NH_3)를 합성하는 방법을 알아냈다. 이를 하버법이라고 한다. 독일의 화학자이며 사업가였던 카를 보슈Carl Bosch는 이 과정을 산업화하여 암모니아를 대량 생산했다. 하버법은 촉매제인 철이 존재하는 상태에서 고압으로 질소와 수소를 혼합하는 방식이다.

폭발적인 수요의 증가

하버가 하버법을 발견하는 데는 군국주의적인 정부의 강압이 영향을 주었다. 질소를 고정시키는 것은 비료의 생산을 위해서뿐만 아니라 화약의 제조를 위해서도 필수적인 과정이었다. 당시 유럽과의 전쟁을 준비하고 있던 독일 정부는 전쟁이 일어나면 영국 해군이 그 당시로서는 유일한 질소의 주요 공급원이었던 새의 배설물인 구아노의 수송로를 봉쇄할 것이라고 예상했다. 제1차 세계대전 동안에 하버-보슈법은 구아노의 공급 없이도 독일이 전쟁을 계속 하는데 필요한 화약을 생산할 수 있도록 했다.

오늘날 전 세계에서 생산되는 천연가스의 3~5%는 하버-보슈법에 필요한 수소 공급에 사용되고 있다. 이것은 전 세계에서 사용하는 에너지의 2%에 해당하는 양이다. 하버-보슈법은 매년 적어도 1억 6000만 톤의 암모니아를 생산하여 세계 인구의 40% 정도에 식량을 공급하고 있다. 또 현대인들의 몸을 만들고 있는 단백질에 포함된 질소의 반 정도는 하버법을 통해 고정된 질소로 추정되고 있다.

하버법이 가져온 충격

전쟁이 끝난 후 하버법은 전 세계 농업 생산에 엄청난 변화를 가져왔고 이로 인해 세계 인구가 크게 늘어났다. 대규모로 합성한 암모니아를 이용하여 질산암모늄(NH_4NO_3)을 비롯한 여러 가지 비료를 생산할 수 있게 되자 농업 생산성을 제한하던 질소의 부족 문제를 극복할 수 있게 되었다. 이로 인해 세계 식량 생산이 급증했고, 20세기 말에는 전 세계 인구수가 전 세기에 비해 네 배로 증가했다.

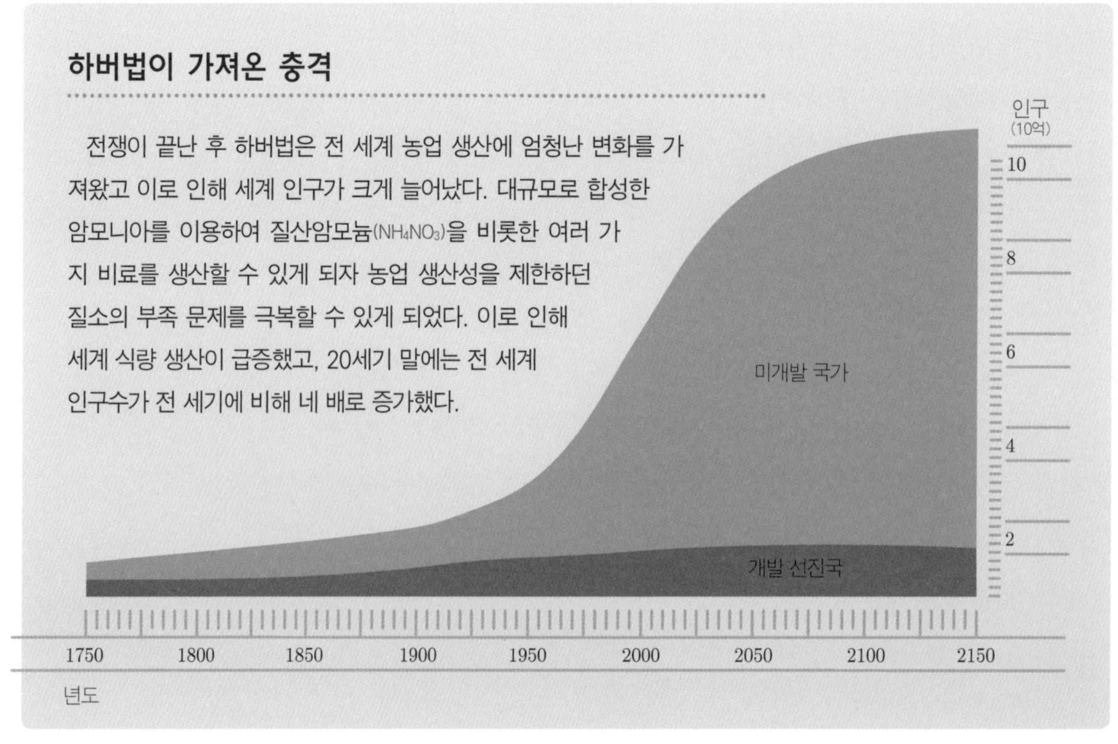

−90

수소결합이 없을 경우 물의 끓는 점(℃)

수소결합이 없었다면 영하 90℃(183K)에서 액체 상태의 물은 기체인 수증기로 변할 것이다. 이 온도와 실제 물이 끓는 온도(100℃) 사이의 커다란 차이는 수소결합이 지구에 사는 생명체들에게 얼마나 중요한지를 잘 보여준다.

물 분자를 이루는 원자들 사이의 결합이 일정한 각도를 이루고 있어 물 분자는 부분적 극성을 가지게 되고, 따라서 작은 자석과 같은 성질을 가지게 된다(104.5°, 103쪽 참조). 이로 인해 물 분자에서 부분적으로 (+)전하를 띤 수소 원자 부분이 다른 물 분자의 부분적으로 (−)전하를 띤 산소 원자 부분과 약한 이온결합을 형성하게 된다. 이런 결합을 수소결합(H^-결합)이라고 한다(103쪽 참조).

액체 상태의 물에서 H_2O 분자는 매우 큰 에너지를 가지고 있다. 댄스파티에서 파트너를 바꾸듯이 물 분자들은 다른 물 분자들과 계속해서 수소결합을 했다가 분리하고 다시 결합하는 식으로 1초에 수십억 번 파트너를 바꾼다. 따라서 어느 순간 실제로 결합되어 있는 물 분자는 15% 정도다. 이것은 액체 상태의 물의 성질을 극적으로 바꿀 수 있는 충분한 수소결합이 존재한다는 것을 의미한다.

일반적으로 액체의 끓는점은 분자량에 비례한다. 그리고 H_2O와 비슷한 분자량을 가지고 있는 물질은 상온에서 기체다. 물이 수소결합을 하지 않는다면 지구 상에 액체 상태의 물이 거의 존재하지 않아 생명체가 존재할 수 없을 것이다.

−3

인 이온의 전하(℃)

인은 전자를 세 개 받아들여 (−)전하를 띤 음이온이 된다.

원자들은 다른 원자와 전자를 공유하거나 또는 전자를 잃거나 얻어서 가장 바깥쪽 껍질이 가장 가까이 있는 불활성기체(61쪽 참조)와 같은 가장 안정한 전자구조를 가지려고 한다('원자가' 그리고 '옥텟 규칙, 52쪽 참조).

공유결합에서는 한 원자가 전자를 부분적으로 공여하고 다른 원자는 이 전자를 받아들여 두 원자가 전자를 공유한다. 그러나 원자가 전자를 완전히 공유하거나 받아들이면 원자핵에 들어 있는 (+)전하를 띤 양성자의 수와 양성자 주위를 도는 (−)전하를 띤 전자의 수가 달라진다. 따라서 원자는 전체적으로 (+)전하나 (−)전하를 띠게 되며, 이렇게 해서 (+)전하나 (−)전하를 띠게 된 원자를 이온이라고 한다.

▲ 이것은 −3의 전하를 띠고 있는 인 이온의 과학적 표기다. 이온이 가지고 있는 전하는 원소기호 뒤에 위첨자로 나타낸다.

양이온과 음이온

과학적 표기에서는 이온이 가지고 있는 전하를 원소기호 다음에 오는 위첨자를 이용하여 나타낸다. 예를 들면 P^{-3}은 인 이온이 −3의 전하를 가지고 있다는 것을 의미한다. 다시 말해 인 원자가 세 개의 전자를 받아들였다는 뜻이다.

음이온은 (−)전하를 띤 이온이고 양이온은 (+)전하를 띤 이온이다. 예를 들면 Na^{+}는 나트륨 원자가 전자 하나를 잃어버린 이온이다. 나트륨 이온의 원자핵은 11개의 양성자를 가지고 있고, 원자핵 주위를 도는 전자의 수는 10개다, 따라서 나트륨 이온의 전하량은 +1이다.

이온결합

반대 부호의 전하를 띤 이온들 사이에는 전기적 인력이 작용하여 결합한다. 예를 들면 양이온인 Na는 음이온인 Cl 이온과 결합하여 소금(NaCl)을 만든다. 이 경우 실제로 일어나는 일은 나트륨이 전자를 제공하고, 염소가 전자를 받아들이는 것이다. 따라서 소금의 화학식은 Na^+Cl^-라고 쓰는 것이 더 적절할 것이다. 양이온인 나트륨 이온과 음이온인 염소 이온은 이온결합을 한다. NaCl과 같은 금속염들은 일반적으로 고체 상태에서 결정구조를 만든다. 물 분자는 극성을 띠고 있어('104.5°', 103쪽 참조), 이온과 복합 구조를 잘 형성한다. 소금과 같은 이온결합 물질이 물에 잘 녹는 것은 이 때문이다.

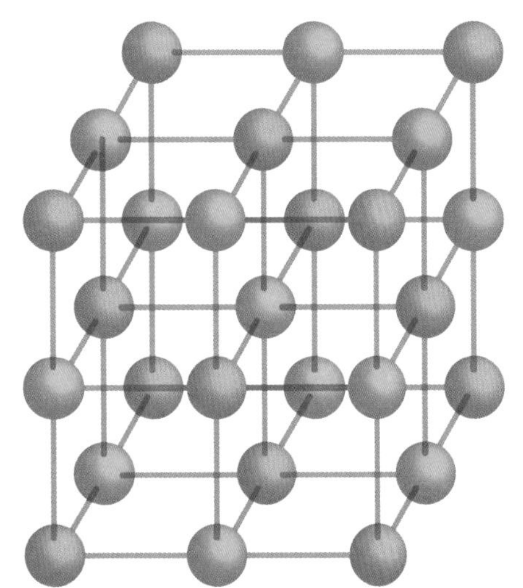

▲ 식용 소금의 결정구조를 이루고 있는 나트륨 이온과 염소 이온의 배열을 나타낸 이미지.

주기적 이온 규칙

P^{-3}은 하나의 원자로 이루어진 이온이다. 단원자 이온에서는 얻거나 잃은 전자의 수, 즉 이온의 전하는 주기율표에서 원자가 차지하는 위치에 의해 결정되는 주기적인 규칙에 따라 정해진다. 얻거나 잃는 전자의 수는 가전자나 원소의 특성 산화 상태와 같다. 이들은 모두 원자의 가장 바깥쪽 전자껍질에 포함된 전자의 수와 같다.

예를 들면 주기율표에서 1족에 속한 알칼리금속은 가장 바깥쪽 전자껍질에 하나의 전자를 가지고 있는 원소들이다. 이 원소들은 가장 가까운 불활성기체와 같은 전자구조를 가지기 위해서 전자 하나를 잃고 양이온이 된다. 따라서 이들은 Li^+, Na^+, K^+와 같은 이온을 만든다. 2족의 알칼리토금속 원소들은 가장 바깥쪽 전자껍질에 두 개의 전자를 가지고 있어 두 개의 전자를 잃고 +2가 이온이 된다. 따라서 이들은 Mg^{2+}, Ca^{2+}와 같은 이온이 된다.

9.109390×10^{-31}

전자의 질량(kg)

전자는 아주 작은 질량을 가지고 있는 기본 입자다. 과학적 표기법을 사용하지 않고 전자의 질량을 kg 단위로 나타내려면 소수점 아래 0을 30개 쓴 다음 9를 써야 한다.

이렇게 작은 양을 직접 측정하는 것이 어려우리라는 점은 쉽게 짐작할 수 있다. 2014년 〈네이처〉 2월호에 실린 실험에서는 전자의 질량을 직접 측정했다고 발표했다. 이 실험에서는 '페닝 트랩' 장치에 속박된 탄소 원자핵을 돌고 있는 하나의 전자를 이용하여 전자의 질량을 이전보다 훨씬 정확하게 측정했다. 이 실험을 통해 확인된 전자의 질량은 0.000548579909067원자질량단위(amu)였다.

e/m에서 e값 결정하기

전자의 질량을 처음 측정한 사람은 미국의 물리학자 로버트 밀리컨Robert Millikan, 1868~1953이었다. 그는 1909년에 기름방울 실험을 통해 전자의 전하량을 측정했다. 이보다 6년 전에 영국의 물리학자 조지프 존 톰슨Joseph John Thomson이 전자의 전하와 질량의 비가 1.7588196×10^{11}C/kg(166쪽 참조)이라는 것을 밝혀냈기 때문에 전자의 전하량을 알아내자 전자의 질량을 계산할 수 있었다. e/m값이 1.7588196×10^{11}이면, 전자의 질량은 $e/1.7588196 \times 10^{11}$이다.

밀리컨의 기름방울 실험은 여러 가지 면에서 유명하다. 원자보다 작은 입자의 효과를 최초로 직접 확인한 과학적 시도로, 1923년 밀리컨에게 노벨 물리학상을 안긴 이 실험은 사용된 실험 장치와 실험 방법이 매우 정교하고 기발했으며 원자보다 작은 세계가 가지고 있는 양자적 성질을 결정적으로 보여준 실험이었다. 그리고 과학적 사기라는 비난을 비롯해 숱한 반론과 비판의 대상이 된 실험이기도 했다(19쪽 참조).

기름방울 실험

전자의 전하와 질량의 비를 측정한 톰슨이 저울을 이용해서는 작은 입자를 측정할 수 없다는 문제를 극복하기 위해 특별한 장치를 고안했던 것처럼(167쪽 참조), 밀리컨도 전자의 전하량을 측정하기 위해 기발한 장치를 고안해야 했다. 그는 전압이 걸린 두 판 사이의 기름방울에 작용하는 전기력과 중력이 평형을 이루어 기름방울이 아래로 떨어지지 않고 정지하도록 하면 기름방울의 질량을 측정하여 기름방울에 작용하는 전기력을 알 수 있을 것이라고 생각했다.

기름방울의 질량을 측정하는 일은 비교적 쉽다. 밀리컨의 실험에서는 두 전극 판 사이의 공간에 분무기로 기름방울을 분사하고 현미경으로 기름방울의 운동을 조사했다. 전극 판 사이의 공간에 분사된 기름방울은 전하를 띨 가능성이 높았다. 현미경으로 기름방울을 관측하면서 밀리컨은 전극 판 사이의 전압을 조정하여 기름방울이 정지하도록 했다.

기름방울의 질량은 쉽게 결정할 수 있었다. 전극에 전압이 걸리지

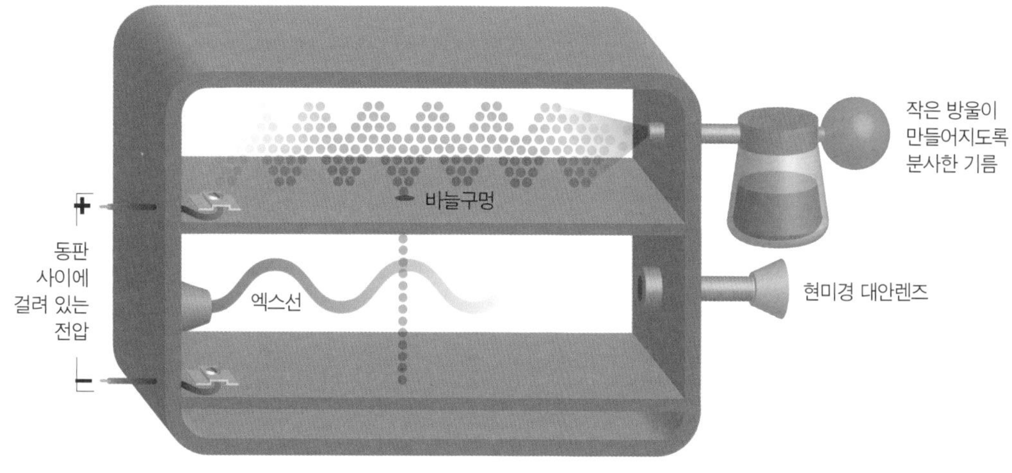

▼ 밀리컨의 기름방울 실험을 간단히 나타낸 이 그림에는 전압이 걸려 있는 판 사이의 공간에 분무기로 뿜어낸 기름방울이 떠 있는 것이 보인다. 실험자는 현미경을 통해 기름방울이 낙하를 멈추고 정지하는 것을 확인할 수 있다.

않게 한 다음 기름방울이 자유낙하하도록 하여 기름방울의 종단속도를 측정하고, 기름방울의 부피를 결정하여 기름의 밀도를 곱하면 기름방울의 질량을 알 수 있다. 기름방울의 질량을 알면 중력을 계산할 수 있으므로 이와 평형을 이루는 전기력을 알아내 기름방울이 가지고 있는 전하를 계산해낼 수 있다.

밀리컨은 전극 판 사이의 공간을 엑스선으로 조사하여 전자가 충분한 에너지를 가지고 기름방울로 옮겨가거나 기름방울에서 떨어져나가도록 했다. 이렇게 하면 기름방울이 가지고 있는 전하량이 달라져 기름방울이 (+)전극을 향해 다가가거나 멀어지기 시작한다. 밀리컨은 이 기름방울을 다시 정지시키려면 전극 사이의 전압을 얼마나 변화시켜야 하는지를 측정했다.

기름방울이 잃거나 얻는 전하량을 측정한 밀리컨은 측정된 기름방울의 전하량이 모두 1.6×10^{-19}C의 정수배라는 것을 발견했다.

전하의 양자

이 발견에 대한 가장 설득력 있는 설명은 기름방울이 잃거나 얻는 전자 하나가 일정한 크기의 전하량을 가지고 있다는 것이다. 그리고 기름방울이 가지는 전하량의 최대공약수인 1.6×10^{-19}C가 전자 하나가 가지고 있는 전하량이라는 것이다. 이 발견은 전자의 전하량이 양자화되어 있음을 보여주었고, 전자가 가지고 있는 입자적 성질을 결정적으로 보여주었다. 다시 말해 밀리컨의 기름방울 실험은 전자가 입자라는 점을 증명했다. 당시에는 많은 과학자들이 전자는 입자가 아니라 파동처럼 행동한다고 생각했다. 그리고 이 실험을 통해 전자의 전하량을 알게 되자 $m=e/1.7588196\times10^{11}$식에 전하량을 대입하여 전자의 질량이 9×10^{-31}kg이라는 것을 알아냈다.

밀리컨은 사기꾼일까?

정교하면서도 효과적인 밀리컨의 기름방울 실험은 밀리컨에게 노벨상을 안겨줬지만 실험 결과를 이끌어낸 과정에 대한 정밀 조사를 받아야 했다. 1909년에 '전자보다 작은 입자'가 존재한다고 주장하던 다른 과학자가 밀리컨의 실험 결과에 이의를 제기했다. 그러자 밀리컨은 1913년 후속 논문에 "이것은 몇몇 선택된 기름방울에 대한 결과가 아니라 60일 동안 실험한 모든 기름방울에 대한 결과"라고 밝혔다.

그러나 그의 실험 노트 원본을 검사한 역사학자들은 문제가 된 기간에 그가 보고한 기름방울보다 훨씬 더 많은 기름방울을 이용하여 실험했다는 것을 밝혀냈다. 노트 가장자리에는 '아름다움, 출판' 그리고 '무언가 잘못되었다'라는 내용도 기록되어 있었다. 경쟁 관계에 있던 과학자들의 압력 때문에 밀리컨이 의도적으로 가설에 맞지 않은 실험 결과를 제외한 뒤 결과를 이끌어낸 것으로 보였다. 이는 과학자들 사이에 널리 퍼져 있던 과학 연구의 고질적인 문제였다.

이와 같은 논란은 밀리컨의 명예에 먹칠을 했고, 그의 연구는 과학적 사기의 고전적인 예가 되었다.

그러나 문제가 된 노트를 새로 조사한 결과 이런 비난은 잘못되었으며, 밀리컨은 어떤 속임수도 쓰지 않았다는 사실이 밝혀졌다.

실험의 속성상 쓸모없는 관측이거나 도중에 문제가 생겨 쓸 수 없는 경우가 종종 있다. 예를 들면 밀리컨은 기름방울이 가지고 있는 전하량을 바꾸기 위해 여러 번 엑스선을 쬔 후에 다시 그 입자를 찾아내 기름방울이 시야에서 사라지기 전에 속도를 측정해야 했다. 그런데 실험 도중 엉뚱한 기름방울을 원래의 기름방울로 착각해 잘못된 측정 자료를 얻는 경우가 많았다. 크기가 너무 큰 기름방울은 측정할 시간이 없을 정도로 빨리 떨어졌고, 너무 작은 기름방울은 브라운운동으로 인해 실험에 사용할 수 없었다. 이에 따라 밀리컨은 실험이 제대로 되지 않은 결과들은 제외하고 의미 있는 관측 자료만 사용한 것이다.

'축소되었다'고 의심 받은 자료를 포함해서 결과를 분석한 사람들은 이 자료들이 전자의 기본 전하 결정에 별 영향을 주지 않는다는 것을 밝혀냈다.

▲ 로버트 밀리컨은 기름방울 실험으로 노벨상을 받았다. 그는 우주에서 날아오는 복사선을 분류하고 이름을 붙였으며, 광전효과와 관련된 아인슈타인의 식을 증명하기도 했다.

1.66×10^{-27}

원자질량단위(kg)

1원자질량단위(amu)는 탄소-12 원자핵이 가지고 있는 질량의 12분의 1을 나타낸다. 이것을 국제단위체계(SI)의 kg으로 나타내면 1.66×10^{-27}kg이 된다. 이는 양성자나 중성자의 질량과 정확히 일치하지 않으며 양성자와 중성자 질량의 평균값과도 같지 않다. 그것은 아인슈타인의 식 $E=mc^2$이 탄소 원자핵에도 작용하여 질량과 에너지가 동등하다는 것을 증명하고 있기 때문이다.

원자의 질량과 원자의 무게는 같지 않다. 원자의 질량과 원자의 무게를 섞어서 사용하는 것이 일반적이지만 두 가지는 전혀 다른 물리적인 개념이다. 무게는 중력장이 질량에 작용하는 힘이다. 다시 말해 무게는 물체가 얼마나 무거운지를 나타낸다. 그리고 질량은 물질이 포함하고 있는 물질의 양을 나타낸다. 원자의 질량은 표준 질량의 몇 배인지를 나타낸다.

1961년에 여섯 개의 양성자와 여섯 개의 중성자로 이루어진 탄소-12 원자핵이 가지고 있는 질량의 12분의 1을 원자질량의 표준으로 결정했다. 원자질량은 표준 질량과의 비이기 때문에 단위가 없다. 따라서 탄소-12의 원자량은 12g이 아니라 12라고 해야 한다. 그러나 혼동을 피하기 위해 원자질량단위(amu)를 사용한다. 원자질량단위는 amu 혹은 줄여서 u라고 쓰기도 한다. 이 단위는 원자론을 제안한 존 돌턴(아래 참조)의 이름에서 따온 돌턴(Da)이라는 단위를 이용하여 나타내기도 한다.

▲ 주기율표에서 볼 수 있는 것과 중요한 정보를 포함하고 있는 원소의(이 경우에는 리튬의) 과학적 표기법이다. 원소기호 아래 있는 숫자는 원소의 원자량을 나타낸다. 이 값은 비교 값이기 때문에 단위가 없지만 종종 '원자질량단위(amu)'라는 용어를 사용하여 나타내기도 한다.

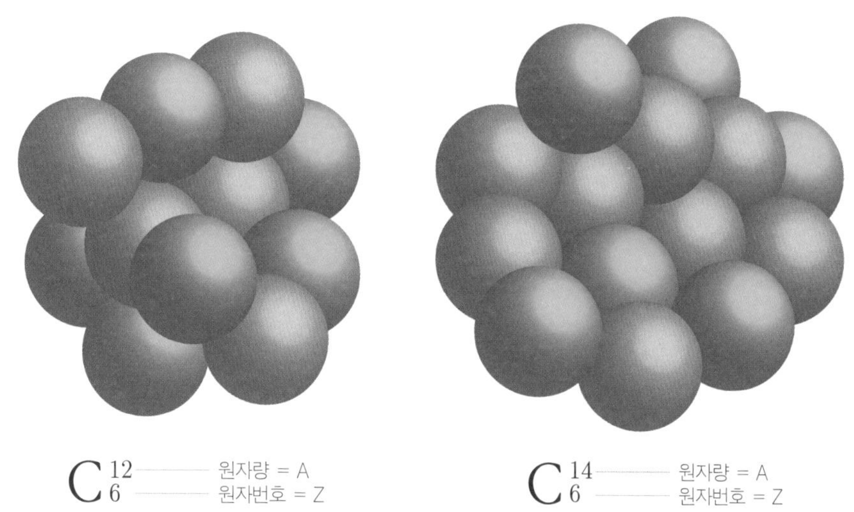

▲ 탄소의 두 가지 동위원소를 그림으로 나타낸 것이다. 푸른색 구는 양성자를 나타내는데 두 동위원소는 모두 여섯 개의 양성자를 가지고 있다. 동위원소에 포함된 양성자 수는 같기 때문이다. 두 동위원소의 화학적 성질은 같지만 물리적 성질은 다르다. 회색 구는 중성자를 나타내는데 우측에 있는 탄소-14는 좌측에 있는 탄소-12보다 두 개의 중성자를 더 가지고 있다. 두 동위원소의 원자량이 다른 것은 이 때문이다.

amu의 간단한 역사

탄소-12를 원자질량단위의 기준으로 사용하게 된 데에는 복잡한 역사적 이유가 있다. 존 돌턴의 원자론에 의하면, 같은 원소의 모든 원자들은 똑같고 따라서 같은 질량을 가지고 있다. 그 당시의 화학자들은 무게라는 용어를 사용했지만 이 책에서는 일관성을 위해 올바른 용어인 질량을 사용하겠다. 수소는 가장 가벼운 원소로 널리 받아들여지고 있었다. 따라서 돌턴이 수소에 1이라는 원자량을 부여하고 이를 기준으로 다른 원소의 원자량을 정한 것은 자연스러운 일이었다. 그러나 원자 하나의 질량을 측정하는 것은 가능하지 않았다. 예를 들어 산소-16 원자 하나의 질량은 2.657×10^{-23}g 또는 0.00000000000000000000002657g이다. 또 19세기 초의 화학자들은 반응물 안에 몇 개의 원자나 분자가 포함되어 있는지 알 방법이 없었다. 이탈리아 화학자 아메데오 아보가드로Amedeo Avogadro 덕분에 그들은 같은 온도, 같은 압력에서는 원자량에 관계없이 같은 부피 안에 같은 수의 입자(원자나 분자)가 포함되어 있다는 것은 알고 있었다. 따라서 1리터의 산소 기체에는 1리터의 수소와 같은 수의 분자가 포함되어 있었다. 같은 부피의 산소와 수소의 무게를 비교하여 산소가 수소

◀ 1950년대 말에 미국 물리학자 알프레드 니어(Alfred Nier, 좌측), 독일 물리학자 요제프 마타우흐(Josef Mattauch, 우측), 그리고 미국 화학자 에드워드 위처스(Edward Wichers)는 과학계가 탄소-12를 원자질량을 나타내는 기준으로 채택하도록 했다.

보다 16배 더 무겁다는 것을 알아냈다. 산소는 여러 가지 원소들과 결합하여 다양한 화합물을 만들기 때문에 산소를 표준 질량으로 정하는 것이 화학자들에게 편리했다. 따라서 산소의 원자량을 16으로 정하고 이를 기준으로 다른 원소들의 원자량을 정했다. 1903년에 국제원자량위원회는 산소 질량의 16분의 1을 원자질량단위(amu)로 정했다.

그러나 1919년에 자연에서 발견된 다른 원소와 마찬가지로 산소에도 원자핵 속에 약간 다른 수의 중성자를 가진 동위원소들이 섞여 있다는 것을 알게 되었다. 여섯 개의 양성자와 여섯 개의 중성자를 가지고 있는 산소-16이 가장 흔한 산소의 동위원소이기는 해도 자연에는 각각 아홉 개의 중성자와 열 개의 중성자를 가지고 있는 산소-17과 산소-18도 포함되어 있다.

모든 사람들이 같은 비율의 동위원소를 포함하고 있는 산소 기체를 가지고 실험한다면 16을 산소의 원자량으로 정해도 문제될 것은 없다. 하지만 물리학자들이 개개의 원자를 가지고 실험하면서 문제가 생겼다. 좀 더 정확한 기준이 필요해진 것이다. 그리고 물리학자들이 산소-16의 질량만을 원자질량의 기준으로 삼게 되면서 과학계가 두 가지 다른 기준 질량을 가지게 되었다. 하나는 산소의 평균 질량을 16으로 정한 것이었고, 또 하나는 산소-16의 질량을 16으로 정한 것이었다.

이 문제는 해결할 필요가 있었다. 그러나 화학자들이 물리학자들의 정의를 받아들일 경우 모든 다른 원소의 원자량을 100만분의 275라는 비교적 큰 값으로 수정해야 했다. 그래서 절충안이 제안되었다. 물리학자들은 질량분석에서 이미 탄소-12를 기준 질량으로 사용하고 있었다. 화학자들이 이 질량 기준을 받아들이면 기존의 원자량을 100만분의 42만큼만 수정하면 되었다.

1961년에 원자질량단위가 탄소-12 원자핵이 가지고 있는 질량의 12분의 1로 정해졌다. 이런 절충에도 불구하고 일부에서는 큰 변화를 가져오게 되었다. 예를 들면 1961년 이전에는 소금의 분자량이 58.45였지만 1961년 후에는 58.44가 되었다. 그 차이는 0.02%였다.

사라진 질량

탄소-12의 원자핵은 12개의 핵자를 가지고 있다. 따라서 핵자 하나의 질량은 1로 생각할 수 있다. 그리고 양성자 하나만 가지고 있는 수소 원자의 질량은 1이어야 한다고 생각할 수 있다. 그러나 수소의 실제 질량은 1.00794로, 탄소-12 질량의 12분의 1보다 크다. 탄소-12는 양성자보다 조금 더 큰 질량을 가진 여섯 개의 중성자를 포함하고 있다. 이 때문에 탄소-12의 질량이 12개의 수소 원자핵보다 더 큰 질량을 가지고 있는 것은 아닐까? 종종 질량결손이라고도 부르는 질량의 차이는 탄소 원자핵을 구성하고 있는 입자의 질량 일부가 이 입자들을 결합하는 데 필요한 에너지로 전환되기 때문에 발생한다. 원자핵의 결합에너지는 (+)전하를 띠고 있는 양성자들 사이에 작용하는 전기적 반발력을 이기기 위해 매우 강력해야 한다. 원자핵의 결합에너지로 전환되어야 하는 질량의 양은 아인슈타인의 식 $E=mc^2$에 의해 결정된다. 원자핵이 크면 클수록 더 많은 결합에너지가 필요하다. 원자핵의 크기를 변화시키면 전체 원자핵의 질량이 달라진다. 따라서 원자핵이 변하는 핵반응에서는 많은 에너지가 방출된다.

1×10^{-15}

동종 요법 치료제의 농도(1000조분의 1)

1×10^{-15} 또는 0.000000000000001는 1000조분의 1과 같은 양이다. 이것은 동종 요법 치료제의 '활성 성분'이 적절한 효력을 나타낼 수 있도록 하기 위해 묽게 만든 농도이다.

이 농도에서는 동종 요법 치료제 한 방울 안에 존재하는 활성 성분의 비율이 지구 상에 살고 있는 전체 인류의 모든 머리카락 중에서 머리카락 한 올을 취한 것과 같다. 좀 더 활성이 큰 치료제는 이보다 더 농도를 낮게 하기도 했다.

▲ 사무엘 하네만은 18세기 말~19세기에 활동한 독일 내과 의사로, 당시 의학을 '살인적'이라고 여겨 대체 의학을 개발했는데 그것이 동종 요법으로 발전했다.

같은 증상

동종 요법은 19세기의 독일 내과 의사 사무엘 하네만Samuel Hahnemann이 개발한 대체 의학이다. 그는 널리 받아들여지던 질병에 대한 의학적 설명을 믿을 수 없었다.

체액의 균형이론을 바탕으로 한 고대 의학에서는 질병 치료는 환자의 생리적 균형을 되찾기 위해 질병의 증상과 반대 증상이 일어나도록 해야 한다고 설명하고 있었다. 그러나 하네만은 질병을 치료하기 위해서는 질병과 같은 증상이 나타나도록 해야 한다고 믿었다. 동종 치료라는 의미의 영어 단어 homepathy에서 homeo는 같다는 의미고 pathy는 증상이라는 뜻을 가지고 있다. 단, 같은 증상은 아주 약하게 나타나 생기가 몸의 균형을 다시 찾을 수 있도록 도와주어야 한다고 주장했다. 예를 들어 열이 나는 질병을 치료하기 위해서는 질병 원인과 같은 물질을 소량 복용해야 한다는 것이다.

하네만은 극소량의 약물은 몸을 깨워 치료 능력을 증대시키거나 활성화한다고 했으며, 자신의 치료법은 극미량의 법칙으로 알려진 신비한 원리에 따른 것이라고 설명했다. 한마디로 말해 이 법칙은 섭취하는 약물의 양이 적을수록 효과가 커진다는 것이다. 따라서 알코올성 약물과 같은 기본적인 치료제의 경우 약물 1에 10배 내지 100배의 물을 섞어 희석시킨 뒤 이런 희석 과정을 여러 번 반복했다. 7c 희석은 100배로 희석시키는 과정을 일곱 번 반복하는 것을 말한다. 하네만은 대부분의 경우 30c 희석을 권유했다. 이렇게 희석시킨 경우 활성 성분의 양은 10^{60}분의 1보다 적게 포함된다.

비물질

이것은 동종 요법을 믿고 있던 사람들에게 심각한 문제가 되었다. 적어도 원래 성분 분자가 하나라도 포함되어 있을 가능성이 있는 최대 희석이 12c였으므로 하네만이 권유한 방법이나 현대 동종 요법의 방법대로 하면 통계적으로 활성 분자가 하나도 들어 있지 않게 된다. 다시 말해 동종 요법에서 사용하는 약물은 물이거나 알약이라면 설탕일 뿐이다. 이런 약물이 어떻게 생리학적인 치료 효과를 낼 수 있을까?

하네만은 원자나 분자에 대해 이해하지 못한 상태에서 치료법을 개발했다. 그는 약물이 몸을 깨우는 과정을 통해 '비물질적이고 정신적인 기'를 방출해 약물의 효능을 증대시킨다고 믿었다. 현대 동종 요법에서도 이런 '기'가 물에 특별한 성질을 부여한다고 믿는 것으로 보인다. 실제로 이것은 동종 요법 옹호자인 자크 방브니스트Jacques Benveniste가 1988년 〈네이처〉에 발표한 유명 논문에서 주장한 내용이다.

방브니스트는 물이 처음 첨가한 동종 요법 약물의 기억을 유지하고 있다는 것을 증명했다고 주장했다. 그런데 물이 약물을 '기억'할 수 있다면 나쁜 물질에 대한 기억은 왜 하지 못할까?

방브니스트의 연구는 결국 폐기되었고, 동종 요법은 적절한 임상 시험을 통해 위약 효과 이상의 치료 효과를 입증하는 데 실패했다.

▼ 예전에 사용된 동종 요법 약물. 동종 요법에서는 내용물이 빛에 의해 효력이 감소하는 것을 막기 위해 불투명한 용기나 우윳빛 유리병에 저장해야 한다고 했다. 그러나 화학자들은 이 물질에 반응성 높은 물질이 포함되어 있지 않아 별 차이가 없다고 주장한다.

0.529×10^{-10}

보어반지름(m)

0.529×10^{-10}m 또는 0.0000000529mm는 수소 원자핵과 바닥상태에서 원자핵으로 돌고 있는 전자 사이의 거리인 보어반지름이다. 따라서 보어반지름은 수소 원자의 가장 작은 크기다.

▲ 닐스 보어는 양자물리학의 원리를 발견하는 데 공헌한 덴마크의 물리학자로, 원자핵 분열 발견 소식을 미국에 전해준 사람이다 (118쪽 참조).

보어반지름은 코펜하겐 대학에서 대학원 과정을 마치고 케임브리지 대학의 캐번디시연구소에서 톰슨과 연구하기 위해 영국에 온 덴마크의 젊은 물리학자 닐스 보어Niels Bohr가 1913년에 유도해낸 값이다. 원자의 구조 연구를 위해 영국으로 온 보어는 톰슨이 탐탁하게 생각하지 않아했던 새로운 아이디어를 원자구조에 적용하고 싶어 했다. 빛의 성질에 대한 플랑크와 아인슈타인의 연구는 빛이 연속적인 파동이라는 오래된 생각을 수정하지 않을 수 없도록 했다. 이제 빛은 불연속적인 에너지 덩어리(광자)라고 생각해야 했다. 아날로그 시대가 가고 디지털 시대가 온 것이다. 보어는 양자화된 에너지를 전자에도 적용하고 싶어 했지만 톰슨은 지지하지 않았다. 이 때문에 그는 맨체스터 대학으로 가서 어니스트 러더퍼드Ernest Rutherford와 함께 연구하게 되었다.

디지털 전자

맨체스터 대학에서 보어는 행성들이 태양 주위를 돌고 있는 태양계처럼 전자들이 원자핵 주위를 돌고 있는 러더퍼드의 '원자'모형을 수정하여 새로운 원자모형을 만들었다. 고전물리학에 의하면, 전자는 가지고 있는 에너지에 따라 원자핵으로부터 어느 거리에서도 원자핵을 돌 수 있었다. 그러나 이런 설명은 전자가 왜 반대 부호의 전하를 가진 원자핵으로 끌려들어가지 않는지를 설명할 수 없었다. 양자화된 '디지털' 에너지에 답이 있을 것이라고 생각한 보어는 전자가 특정한 에너지 준위에서만 원자핵을 돌 수 있다고 가정했다. 전자는 여러 개의 가능한 에너지 준위 중 한 에너지 준위만 차지할 수 있다고 생각한 것이다.

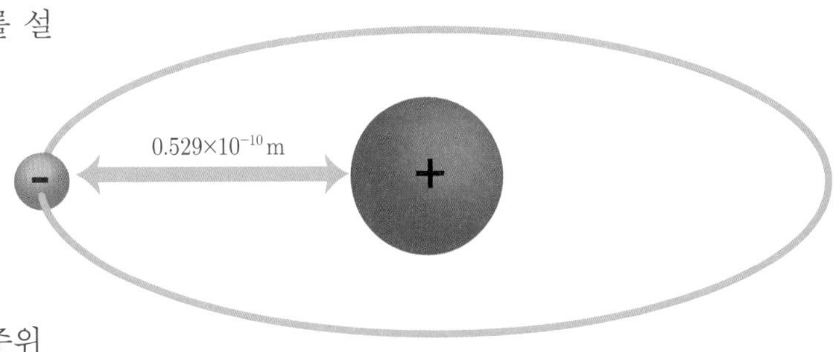

▲ 수소 원자의 보어 모델에서는 바닥상태에 있는 전자가 원자핵에서 보어반지름만큼 떨어진 거리에서 원자핵을 돌고 있다.

1913년에 보어는 가장 간단한 원자인 수소 원자를 선택하여 가장 낮은 에너지 상태, 즉 바닥상태에 대해 조사했다. 양자화된 에너지 준위를 이용한 계산을 통해 보어는 수소 원자에서 바닥상태에 있는 전자의 최소 반지름이 0.529×10^{-10}m라는 것을 알아냈다. 이런 작은 세계의 문제를 다룰 때는 미터라는 단위를 사용하는 것이 불편하다. 따라서 과학자들은 옹스트롬(Å)이라는 단위를 사용한다. 1Å=1×10^{-10}m이다. 따라서 보어반지름은 0.529Å이다.

뮤온으로 만든 수소

이것은 전자가 양성자를 돌 수 있는 가장 가까운 거리다. 따라서 가장 작은 원자인 수소 원자의 가장 작은 크기의 지름은 1.058Å이다. 만약 전자의 질량이 현재 전자의 질량보다 컸다면 보어반지름은 더 작았을 것이다. 이는 전자보다 206.77배 더 큰 질량을 가진 뮤온을 이용하여 만든 수소 원자와 비슷한 구조를 가지고 있는 원자의 지름이 수소 원자 지름의 206.77분의 1인 것을 통해서도 알 수 있다.

러더퍼드-보어 원자 모형은 이제 양자역학적 원자 모형으로 대체되었다. 전자는 정해진 궤도에서 양성자를 돌고 있는 입자가 아니라 궤도 영역에 퍼져 있는 희미한 확률 구름이다. 그러나 보어반지름은 전자가 가질 수 있는 최소 반지름을 나타내는 데 유용하게 사용되고 있다. 이것은 화학에서 매우 중요하다. 원소의 화학적 성질을 결정하는 것은 원자핵으로부터 전자까지의 거리이기 때문이다.

1×10^{-10}

우주 역사에서 가장 낮은 온도(K)

헬싱키 기술대학의 저온실험실에서 도달한 1×10^{-10}K 또는 0.0000000001K(100pK 또는 1억분의 1K)는 우주의 역사 속에서 도달한 가장 낮은 온도다.

1848년에 윌리엄 톰슨William Thomson(별칭은 켈빈 경)이 가능한 가장 낮은 온도를 0도로 하는 새로운 온도를 고안해냈는데 이를 절대온도라고 한다. 절대영도는 에너지가 0인 상태여서 입자들이 아무런 운동도 하지 않는다. 자연에는 존재할 수 없고 순수하게 이론적으로만 존재하는 이 온도를 '절대영도'라고 한다. 켈빈은 절대온도에서 1도 간격을 섭씨온도에서의 1도 간격과 같게 했다. 따라서 물이 어는 온도인 0℃와 절대영도를 혼동하는 사람들이 생기게 되었다. 그래서 20세기에는 기호 K를 이용하여 절대온도를 나타내, 1K의 온도 증가는 1℃의 온도 증가와 같지만 0K는 −273.15℃와 같게 되었다.

절대영도에 도달하는 것은 가능하지 않지만 우주에는 온도가 낮은 지역이 많다. 우주 마이크로파 배경복사(CMB)를 이용하여 측정한 우주의 평균 온도는 2.73K이다. 우주에서 가장 온도가 낮은 곳은 부메랑 성운으로, 대규모 기체 방출로 인해 온도가 1K에 불과하다.

1999년에 헬싱키 기술대학 저온연구실 연구원들은 다양한 냉각 기술을 이용하여 로듐 금속 조각을 100억분의 1K까지 냉각시키는 데 성공함으로써 이 부분의 세계기록을 세웠다. 이런 극한 저온 상태는 자연에서 만들어지지 않으므로 우주 역사에서 도달한 가장 낮은 온도일 가능성이 있다.

5×10^{-7}

국제질량원기가 매년 잃는 질량(g)

1889년 국제질량원기가 채택된 이후 국제질량원기(IPK)와 공식적인 복제품 사이에 매년 발생하는 질량 차이는 5×10^{-7}g 또는 0.5μg이다. 국제질량원기는 백금과 이리듐을 90:10으로 혼합하여 만든 원통형 합금으로, 1889년에 국제단위체계(SI)의 1kg을 정의하기 위해 만들어졌다. SI의 대부분 단위들은 빛의 속도와 같은 기본적인 상수를 바탕으로 정의되어 있다. 그러나 kg은 아직도 인위적인 방법을 이용하여 정의하고 있다. 국제질량원기와 똑같은 복제품이 각국의 도량형을 관장하는 기관에 분배되어 있고, 복제품 일부는 프랑스에 있는 국제도량형국(BIPM)에 IPK와 나란히 보관 중이다.

무게 감시자

국제질량원기의 주재료로 백금을 사용한 것은 백금의 밀도가 높고 화학반응에 의한 부식은 물론 전기와 자기에 의한 부식에도 잘 견디기 때문이다. 이리듐은 연한 백금을 강화하기 위해 첨가되었다. 복제품과 각 국가들이 보유하고 있는 질량원기들은 국제질량원기와 잘 맞는지 확인하기 위해 주기적으로

▼ 이 그래프는 지난 100년 동안 국제질량원기의 표준 질량 변화를 보여주고 있다.

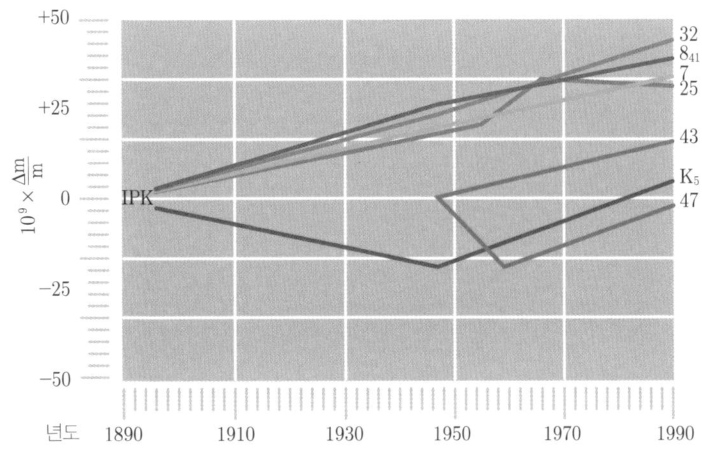

비교 저울을 이용하여 점검하고 있다. 제2차 세계대전이 끝난 때부터 1990년 사이에 세 번 국제질량원기와 일부 복제품을 초정밀 저울을 이용하여 비교했다.

이 점검 프로그램을 통해 국제질량원기와 복제품의 질량 사이에 계속 차이가 생기고 있다는 것이 발견되었다. 그 차이는 매년 0.5μg 정도였다. 국제질량원기가 질량을 잃는다거나 복제품이 질량을 얻는다고 설명하는 것은 가능하지 않다. 이런 차이가 생기는 이유는 밝혀지지 않고 있다. 국제도량형국은 백금과 공기 성분 사이의 촉매를 통한 반응이 원인일지 모른다고 제안하고 있다. 그렇다면 같은 성분으로 만들어 함께 보관하고 있는 국제질량원기와 복제품은 같은 환경적 영향을 받아야 한다.

kg과 그레이브

100년 동안 50μg이 변하는 것은 실용적인 면에서 볼 때 큰 문제가 되지 않는다. 그러나 기본적인 상수가 아니라 인위적인 물체를 기반으로 하는 SI 단위를 가지고 있는 것은 순수한 과학적인 관점에서 볼 때는 문제가 된다. 더구나 그 인위적인 물체가 설명할 수 없는 현상을 보인다면 더욱더 바람직하지 않다. 따라서 국제도량형국은 국제질량원기의 질량이 왜 변하는지를 알아내기 위해 시간을 낭비하는 것보다 kg을 기본적인 상수와 연결시켜 질량의 단위를 다시 정하기 위해 연구한 끝에 2018년부터 플랑크 상수를 기본단위로 사용하기로 했다. 하지만 kg은 수천 가지 유도된 단위에 포함되어 있는 기본 단위이기 때문에 새로운 정의가 현학적인 과학자들을 만족시킬 수 있을지는 아직 모른다(kg이라고 부르지만 kg과 관련해서 정의되어 있는 것은 g이지 kg이 아니다). kg이 SI 단위로 채택될 때 그것은 다른 이름으로 불렀어야 한다는 과학자도 있다. 18세기에 kg 대신으로 제안되었던 이름 중 하나는 '무거운'이라는 뜻을 가진 프랑스어 그레이브grave였다.

1×10^{-7}

순수한 물에 포함된 하이드로늄 이온의 양(mol/dm^3)

순수한 물 1dm^{3}에는 1.00×10^{-7}mol의 하이드로늄 이온(HO_3^+)이 포함되어 있다. 산과 염기의 세기를 나타내는 단위인 pH로 나타내면 산성과 염기성의 중간에 해당하는 7이다.

물은 자연적으로 분해되기 때문에 한 쌍의 물 분자 중 하나는 염기로 작용하여 수소이온(양성자)을 받아들이고, 하나는 산으로 작용하여 수소이온을 제공한다. 이 반응은 다음과 같은 식으로 나타낼 수 있다.

$$H_2O + H_2O \rightarrow H_3O^+ + OH^-$$

이 반응의 생성물이 강한 산성을 띠는 하이드로늄 이온과 강한 염기성을 나타내는 수산이온이다. 이들은 빠르게 결합하여 H_2O가 되면서 중성이 되기 때문에 전체적으로 평형상태를 유지한다.

$$H_2O + H_2O \leftrightarrow H_3O^+ + OH^-$$

상온에서 평형상태에 있는 물 속 하이드로늄 이온의 양은 1×10^{-7} mol/dm^{3}이다. 이 반응은 다음과 같이 간단히 나타낼 수도 있다.

$$H_2O \rightarrow H^+ + OH^-$$

이것은 수소이온(H^+)의 농도가 1×10^{-7}mol/dm^{3}라고 말할 수도 있다. 이를 pH 7이라고 한다. 따라서 상온에서 순수한 물의 pH는 7이다. 물질이 포함하고 있는 수소이온 농도는 그 물질의 pH 값을 결정한다.

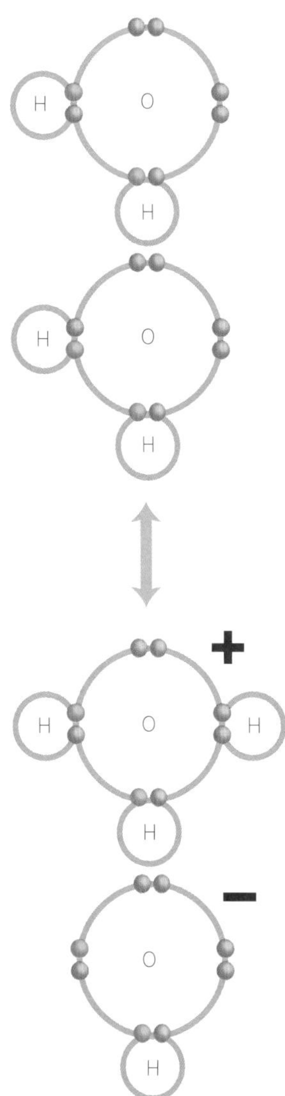

▲ 물 분자의 루이스 모델(61쪽 참조)은 하이드로늄 이온과 수산이온을 만들기 위해 양성자를 어떻게 공여해야 하는지를 보여준다.

0.00008988

수소의 밀도(g/cm³)

표준상태의 온도와 압력에서 수소 1cm³의 부피의 질량은 100μg에 불과하다. 따라서 수소의 밀도는 대기의 밀도에 비해 훨씬 작다.

기체의 비중이라고 부르는 공기 밀도에 대한 비교 값을 처음 측정한 사람은 1766년에 수소를 발견한 헨리 캐번디시Henry Cavendish였다. 하지만 그는 처음 수소를 발견한 사람도 아니고, 수소라는 이름을 붙인 사람도 아니었다. 수소는 1671년에 영국의 자연철학자인 로버트 보일Robert Boyle이 처음 만들었다. 보일은 철가루와 희석한 산을 섞어 철의 가연성 용액이라고 부른 용액을 만들고 이 용액을 이용해 기체 상태의 수소를 발생시켰다. 하지만 그는 수소가 새로운 원소라는 것을 알아내지는 못했다.

▲ 1783년 12월 1일 파리의 튈르리 궁 정원에서 날아오른 최초의 유인 수소 기구 비행.

가연성 공기

거의 100년이 지난 후 영국의 기인이며 귀족이었던 헨리 캐번디시는 스코틀랜드 과학자 조지프 블랙Joseph Black이 '고정 공기(이산화탄소)'를 분리해냈다는 기사를 읽고 새로운 분야인 공기화학 연구에 관심을 가지게 되었다. 캐번디시는 보일과 비슷한 방법으로 기체를 발생시킨 뒤 수은을 통과시킨 후 기체 수집용 수조라고 부르던 기구를 이용하여 거꾸로 세운 용기에 모았다. 이 새로운 '공기'는 불에 잘 탔기 때문에 '가연성 공기'라고 이름 지었다. 이 공기는 산에서 나온 것이었지만 그는 금속에서 나온 것으로 잘못 생각했다. 캐번디시는 새로운 기체가 물을 얼마나 밀어내는지를 측정하여(부피를 측정하여) 공기 밀도에 대한 비율, 즉 비중이 일반 공기의 13분의 1이라는 것을 알아냈다. 이로써 그는 이 기체가 그

때까지 발견된 기체 중에서 가장 가벼운 기체라는 것을 알게 되었다.

물질의 연소는 불과 같은 원소인 플로지스톤을 방출하는 것이라는 플로지스톤설을 받아들이고 있었던 캐번디시는 가연성 기체가 플로지스톤 자체가 아닐까 하는 생각을 했다. 그러나 천 년 동안 받아들여져온 잘못된 플로지스톤 이론에 대한 생각을 뒤집는 발견에 방해가 되지는 않았다. 1781년 밀폐된 용기 속에서 수소와 산소를(캐번디시의 용어로는 가연성 공기와 탈플로지스톤 공기를) 혼합한 후 전기 스파크로 불을 붙여 물을 만들어내는 데 성공함으로써 물이 고대 그리스 시대 이후 믿어왔던 것처럼 기본 원소의 하나가 아니라 화합물이라는 것을 증명했다(54쪽 참조).

▲ 사람들이 수소 비행선을 더 이상 신뢰할 수 없게 만들어 비행선 시대의 막을 내리게 한 힌덴부르크 폭발 사건.

물 만들기

플로지스톤설은 프랑스 화학자 라부아지에(136쪽 참조)에 의해 폐기되었다. 라부아지에는 물질의 연소 반응과 연소와 관련된 여러 반응이 모두 비슷한 반응이라는 것을 보여주었다. 그리고 새로 발견된 '공기'에 이름을 붙였다. 캐번디시가 발견한 가연성 공기는 '물 만드는 것'이라는 뜻의 그리스어에서 따와 수소hydrogen라고 불렀다. 캐번디시의 실험에서 힌트를 얻은 라부아지에는 영어나 프랑스어가 아닌 고대 그리스어를 이용하여 이름을 지은 것이다. 그러나 독일에서는 아직도 수소를 독일어로 '물 물질'이라는 뜻을 가진 'wasserstoff'로 부르고 있다.

수소의 밀도가 작다는 것은 공기 중에서 잘 떠오른다는 것을 의미한다. 초기의 기구 비행 개척자들은 이런 사실을 놓치지 않았다. 최초로 기구 비행을 한 몽골피에Montgolfier 형제는 뜨거운 공기를 넣어 비행했지만, 얼마 후인 1783년 12월에 자크 알렉상드르 샤를Dr Jacques Alexandre Charles은 최초로 수소 기구를 이용하여 비행했다. 수소를 채운 기구는 뜨거운 공기를 이용하는 기구보다 더 많은 사람들을 태울 수 있고, 더 높이 올라가 빠르게 달릴 수 있었다. 그러나 수소의 높은 가연성은 위험을 동반했으며 1937년의 힌덴부르크호 폭발 사고는 그런 위험성을 잘 보여주었다.

0.025

가장 맹독성 뱀인 육지 타이판 독의 LD_{50}의 양(mg/kg)

피하에 주사했을 때 50%의 쥐가 죽는 육지 타이판 뱀의 독의 양은 1kg당 0.025mg이다. 이것은 몸무게가 20g인 쥐는 0.0005mg의 독에도 50%가 죽는다는 것을 뜻한다.

모든 물질이 독이다

독성은 정도의 문제다. 파라셀수스Paracelsus는 "독이 아닌 것이 있는가? 모든 물질은 독성을 가지고 있다. 독성이 없는 물질은 없다. 단지 양이 어떤 물질이 독성이 있는지 아닌지를 결정한다"라고 했다. 물도 너무 많이 마시면 독성을 가지고 있다. 식용 소금은 보통 독성 물질로 취급하지 않는다. 그러나 어린 아기는 두 숟가락의 소금으로도 목숨을 잃을 수 있다. 정말 그럴까?

독성은 농도에 따라, 그리고 몸무게에 따라서도 달라진다. 어린 아기는 몸이 작으므로 독성 물질에 취약하다. 그러므로 해를 끼치는 독성 물질의 양이 적어진다. 따라서 독성 물질의 양은 mg/kg이라는 단위를 이용하여 나타낸다. '모든 것이 독성을 가질 수 있다'라는 말은 너무 모호한 표현이다. 미국에서는 법률적 목적에서 독성 물질을 몸무게 1kg당 50mg 이하를 투여했을 때 목숨을 잃는 물질로 정의해놓고 있다. 일반 성인 남자의 몸무게는 보통 80kg이다. 따라서 독성 물질은 한 티스푼 이하를 섭취했을 때 목숨을 잃을 수 있는 물질이다.

쥐의 시련

실험용 쥐들에게 양을 달리한 동물의 독을 투여해 시험한다. 독물학에서 사용하는 표준적 단위인 LD_{50} 또는 반수 치사량은 시험한 동물의 반이 죽는 물질의 양을 나타낸다. 이 값은 실험 방법에 따라 다르다. 뱀에 물리는 것과 가장 유사한 실험 방법은 독성 물질을 피하에 주사하는 방법이다. 이 실험 결과에 의하면, 가장 강한 독성을 가진 물질은 육지 타이판 뱀의 독인 옥시우라누스 마이크로레피도투수Oxyuranus microlepidotus다. 육지 타이판은 길이가 2m 정도까지 자라지만 일반적으로 겁이 많고 온순한 편이며 작은 설치류를 잡아먹는다. 사람을 무는 일은 거의 없다. 그러나 이 뱀의 독의 LD_{50}은 0.025mg/kg으로 킹코브라보다 50배 더 독성이 강하다. 타이판이 한 번 물 때 나오는 독의 양으로 100명의 어른 목숨을 빼앗을 수 있으며, 25만 마리의 쥐를 죽일 수 있다.

세계에서 가장 위험한 뱀

이렇게 강한 독을 가지고 있다는 것이 육지 타이판이 세계에서 가장 위험한 뱀임을 뜻하지는 않는다. 실제로 이 뱀에 물려 죽은 사람은 아직 없다. 해독이 가능하기 때문이다. 인간에게 뱀의 위험 정도는 뱀이 얼마나 공격적인가, 뱀이 물 때 얼마나 많은 독을 방출하는가, 한 번 공격에서 몇 번 무는가와 같은 여러 가지 요소에 의해 달라진다. 이런 요소들은 뱀의 종류뿐만 아니라 개체에 따라서도 달라진다. 어린 뱀은 늙은 뱀보다 일반적으로 더 많은 독을 방출한다. 더 중요한 것은 얼마나 자주 뱀과 접촉하는가, 인간의 개발이 뱀의 서식지를 얼마나 침범하는가와 같은 인간적 요소다. 또 얼마나 쉽게 의료 시설에 접근할 수 있는가와 해독제를 구할 수 있는가도 뱀으로 인한 위험 정도를 나타내는 중요한 요소다. 이러한 요소들로 인해 인도에서는 한 해에 50~7만 명이 뱀에 물려 목숨을 잃지만 북아메리카에서는 20명 이하가 뱀에 물려 사망한다.

▼ 독성이 큰 여느 동물과 달리 육지 타이판은 화려한 경고 색깔 대신 서식지의 메마른 환경과 어울리는 색깔을 가지고 있다.

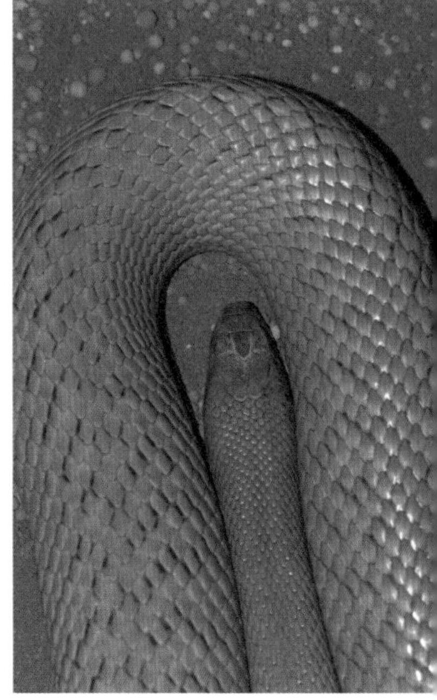

0.04

대기 중에 포함된 이산화탄소의 양(%)

정확한 값은 측정 방법의 발전으로 계속 변하고 있고, 인간의 영향으로 계속 높아지고 있지만 현재 대기 중에 포함되어 있는 이산화탄소의 양은 0.04%다.

이산화탄소(CO_2)는 벨기에 태생의 네덜란드 의사이자 화학자였던 얀 밥티스타 반 헬몬트Jan Baptista van Helmont가 17세기 초에 처음 잠정적으로 분류했다. 그러나 1750년대에 스코틀랜드의 내과 의사 겸 과학자였던 조지프 블랙Joseph Black이 발견한 것으로 알려져 있다. 반 헬몬트는 불에 타는 숯이 새로운 '공기'를 방출한다는 것을 알아내고 이를 가스 또는 '숲의 정령spiritus sylvester'이라고 불렀다. 블랙은 무게를 신중하게 측정하여 불에 타고 있는 마그네시아 알바(염기성 탄산마그네슘)가 이산화탄소를 방출한다는 것을 확인했다. 그리고 마그네시아 알바가 가벼워지는 동안 주변 공기가 무거워진다는 것을 보여주었다. 고체 안에 잡혀 있는 이 공기를 '고정 공기'라고 부른 블랙은 이 공기가 대기의 구성 성분이라고 추정했다.

▲ 1750년경에 스코틀랜드 내과 의사 겸 과학자였던 조지프 블랙(위)은 네덜란드의 연금술사 얀 밥티스타 반 헬몬트(아래)가 100년 전쯤 처음 발견한 이산화탄소의 존재와 성질을 밝혀내 명성을 얻었다.

식물을 이용한 측정

이산화탄소가 광합성 작용에 관여한다는 것이 확실해졌다. 광합성 작용에서는 식물이 공기 중에서 이산화탄소를 받아들이고 산소를 방출한다. 1800년에 독일의 알렉산더 폰 훔볼트Alexander von Humboldt는 이 지식을 이용하여 대기 중에 포함된 이산화탄소의 양을 측정했다. 그는 밀폐된 방에 식물을 넣고 식물이 이산화탄소를 흡수하며 자라는 동안 방 안 공기의 부피가 줄어드는 것을 측정함으로써 대기 중에 약 1%의 이산화탄소가 포함되어 있다는 결론을 얻었다. 1804년에는 니콜라 소쉬르Nicolas Saussure가 비슷하지만 훨씬 정밀한 방법으로 공기 중 이산화탄소의 양을 측정했다. 그는 밀폐된 공간에서 식물이 만들어 낸 유기물질과 산소의 양을 정밀하게 측정하여 공기 중에 이산화탄소가 부피로 0.04% 포함되어 있다는 측정 결과를 얻었다.

▲ 프러시아의 탐험가였던 알렉산더 폰 훔볼트는 대기 중의 이산화탄소 양을 결정하기 위한 실험처럼 정밀한 측정을 강조하는 '정량적 방법론'으로 널리 알려져 있다.

온실효과

20세기 이후에 들어서면서 이전까지는 불분명한 측정 결과만 알려져 있던 온실효과가 지구온난화에서의 이산화탄소 역할로 인해 모든 과학 중에서 가장 많은 관심과 가장 많은 논란을 불러온 주제가 되었다. 이산화탄소는 온실에서 유리가 하는 것과 같은 역할을 하기 때문에 '온실기체'라고 불린다. 온실의 유리는 들어오는 빛에 대해서는 투명하지만 복사열에는 불투명해 복사열을 안에 잡아둔다. 따라서 태양 빛은 온실 안으로 들어올 수 있지만 열은 나갈 수 없다. 이와 마찬가지로 온실기체도 지구 대기로 들어오는 태양 빛 중에서 가시광선 영역의 파장에 대해서는 투명하여 태양 빛이 대기의 하층이나 지표면까지 도달할 수 있게 한다. 지구 표면이 태양복사선을 흡수하여 따뜻해지면 파장이 긴 적외선 영역의 복사선을 방출한다. 온실기체가 지구가 방출하는 긴 파장의 복사선을 흡수하기 때문에 대기권 밖으로 나가지 못하고 지구 생태계 안에 머물게 된다.

이산화탄소, 수증기 그리고 다른 온실기체로 인한 온실효과는 생명체가 지구 상에서 살아가는 데 꼭 필요하다. 온실효과가 없다면 지구 표면의 온도는 현재보다 35℃ 정도 낮을 것이기 때문이다.

고대 얼음, 퇴적물, 나무의 나이테 등에 남아 있는 기후변화에 대한 기록을 통해 과거의 기후와 대기 중 이산화탄소의 양을 알아낸 과학자들은 이산화탄소 양의 증가와 온도 상승 사이에 밀접한 관계가 있다는 것을 밝혀냈다. 과학계에서는 지난 250년 동안 화석연료를 주요 에너지원으로 사용해온 인류의 활동이 대기 중의 이산화탄소 양을 빠르게 증가시켰다는 데 의견 일치를 보이고 있다. 그러나 많은 자금을 쏟아부은 강력한 로비로 이에 따른 과학적이고 경제적인 조치가 제대로 이루어지지 않고 있다. 따라서 대기 중 이산화탄소 수준의 측정은 심한 감시와 논란의 대상이 되었다.

PPM 상승

이러한 논쟁에서 핵심적으로 거론되는 자료는 스크립스해양연구소(SIO)에서 데이브 킬링Dave Keeling이 1957년에 처음으로 남극에서 대기를 수집하면서 시작한 장기간에 걸친 CO_2 측정 결과다. 그 다음 해부터는 하와이의 산 정상에서도 대기 샘플을 수집하기 시작했다. 오늘날 주로 사용되는 자료는 하와이에 있는 마우나로아 관측소에서 측정한 CO_2 양이다.

대기 중에 포함된 CO_2의 양이 비교적 적기 때문에 이산화탄소의 농도는 %보다 훨씬 정밀한 단위인 ppm(100만분의 얼마인지를 나타내는)을 사용하여 나타낸다. 1958년 3월에 마우나로아에서 수집한 공기의 CO_2 농도는 316ppm이었다. 2013년 5월 10일에 미국 해양대기관리처(NOAA)와 SIO는 처음으로 매일 평균값을 발표하기 시작했는데 현재 CO_2의 농도는 400ppm이다. 이 책을 쓰고 있는 동안에는 CO_2의 농도가 399ppm이지만 독자들이 이 책을 읽은 때쯤에는 400ppm을 넘어서 있을 것이다.

지구의 금성화?

인류 문명의 대부분은 CO_2의 농도가 275ppm인 동안 이루어졌다. 그러나 현재 CO_2의 농도는 인간의 활동으로 인해 매년 2ppm씩 높아지고 있다. 일치된 과학적 견해에 의하면, 이처럼 빠른 온실기체의 상승은 지구의 기후와 생태계를 크게 변화시킬 것이다. 그것은 인구 문제와 생명 다양성 문제에 심각한 문제를 야기하거나 심지어는 재

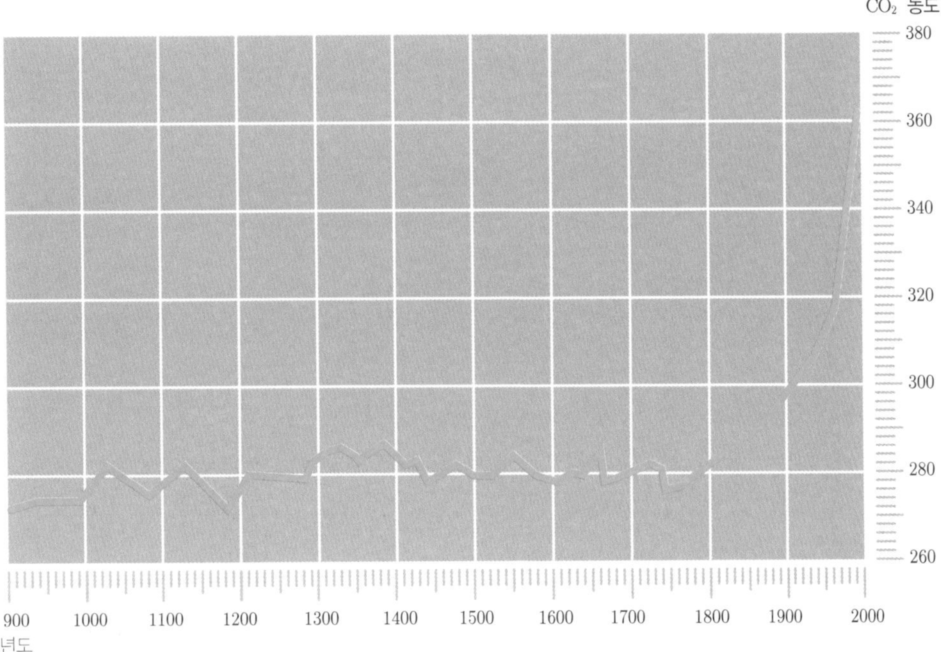

▲ 최근 직접 측정한 CO_2 농도에 대한 자료와 간접적인 방법을 통해 측정한 자료를 결합하면 18세기 후반에 있었던 산업혁명 이후 대기 중 온실기체 농도가 지수함수적으로 증가했음을 알 수 있다.

앙이 될 수도 있다. 온실기체 증가를 통한 지구온난화는 극지방의 얼음이나 빙하의 해빙, 해수면의 상승, 빈번한 홍수의 발생, 심각한 폭풍과 태풍의 발생, 심각한 열파동, 많은 강우량과 이에 따른 산사태, 넓은 지역의 가뭄, 많은 지역에서의 농업 생산성 하락과 같은 결과를 초래할 수 있다. 과학자들의 분석에 의하면 안정한 CO_2 농도는 350ppm이다. 이 농도와 현재 CO_2 농도인 400ppm의 차이 그리고 증가하고 있는 CO_2 농도는 많은 놀라운 일들의 원인이 되고 있다.

태양계의 다른 행성들이 CO_2의 농도가 낮은 경우와 높은 경우의 결과를 잘 보여주고 있다. 대기의 대부분을 잃어버렸고, 대기 중에 탄소를 재공급해줄 지각 판의 활동이 없는 화성은 대기 중의 CO_2 농도가 아주 낮다. 따라서 온도가 매우 낮아 화성 표면에는 생명체가 살 수 없다. 두터운 대기를 가지고 있고, 대기 중에 CO_2와 다른 온실기체를 많이 포함하고 있는 금성은 폭주 온실효과로 인해 태양계에서 가장 뜨거운 행성이 되었다. 금성 표면의 온도는 납도 녹일 정도로 높은 462℃로, 태양에 가장 가까이 있는 행성인 수성의 표면 온도보다 높은 온도다.

0.14

피치블렌드 1톤에 포함된 라듐의 양(g)

0.14g은 우라늄 광석인 피치블렌드 1톤에 있는 라듐 원소의 양이다. 이 새로운 원소를 분리해내기 위해 마리 퀴리Marie Curie는 수 톤의 우라늄 광석을 정제해야 했다.

▲ 앙리 베크렐은 아버지로부터 우라늄 염에 대한 관심과 우라늄 염을 물려받았다.

1896년 1월 프랑스 과학자 앙리 베크렐Henri Becquerel, 1852~1908은 우라늄 염이 두꺼운 종이를 투과하여 사진 건판을 감광시키는, 눈에 보이지 않는 복사선을 방출한다는 것을 발견했다. 하지만 그의 발견은 불과 몇 달 전에 발견된 엑스선에 묻혀 과학계의 관심을 끌지 못했다. 대신 박사 학위를 위한 연구 주제를 찾고 있던 뛰어난 젊은 물리학자 마리 퀴리의 관심을 끌었다. 폴란드에서 태어나 마리 스클로도프스카로 성장한 마리 퀴리는 경제적 어려움을 극복하고 파리의 소르본 대학을 수석으로 졸업한 뒤 돈이나 배경은 없지만 열정적이고 뛰어난 과학자 피에르 퀴리Pierre Curie를 만나 결혼했다. 그리고 1898년 박사과정을 준비하다 베크렐이 발견한 우라늄에서 나오는 복사선에 대한 연구에 관심을 갖게 되었다.

라듐을 찾아서

이 신비한 복사선이 토륨에서도 나온다는 것을 알아낸 마리와 피에르는 이 새로운 형태의 에너지를 '방사성radioactivity'이라고 불렀다. 알려진 원소 중에서는 우라늄과 토륨만 방사성을 보였다. 그러나 우라늄 광석인 피치블렌드를 조사해보고 싶어진 마리는 피치블렌드가 순수한 우라늄보다 강한 방사성을 가지고 있다는 것을 발견했다. 이는 피치블렌드에 아직 발견되지 않은 방사성원소가 포함되어 있을지도 모른다는 것을 뜻했다. 후속 연구를 통해 그녀는 피치블렌드 안에 소량 포함된 원소가 비스무트와 비슷한 원소로 강한 방사성을 가지고 있다는 증거를 찾아냈고, 이 원소의 이름을 폴로늄이라고 지었다. 그리고 바륨과 비슷한 원소에는 라듐이라는 이름을 붙였다.

아주 소량인 이 새로운 원소를 분리해내기 위해서는 피치블렌드를 정제하는 어려운 과정을 거쳐야 했다. 새로운 원소를 확인하고 공식적으로 인정받기 위해서 마리는 적어도 100mg은 분리해내야 했으며 게다가 또 다른 문제가 있었다. 그녀와 그녀의 남편은 실험에 사용할 피치블렌드를 살 돈이 없었다. 마리는 피치블렌드를 생산하는 보헤미아의 광산 회사에 부탁하여 우라늄을 채취하고 숲에 버린 폐기물 수 톤을 기증받았다. 오랜 노동을 필요로 하는 정제 작업 전에 먼저 시료에서 솔잎을 골라내야 했던 마리는 다음과 같이 회상했다.

"때로 나는 내 키만큼 큰 쇠막대로 하루 종일 끓는 물질을 저어야 했다. 하루가 끝날 때쯤에는 피곤해서 쓰러질 지경이었다."

가장 위대한 논문

광산 폐기물을 오랫동안 정제한 후 마리는 0.1g의 순수한 염화라듐을 분리하여 원자량이 225라는 것을 알아내는 데 성공했다. 1903년 그녀가 박사 학위 논문을 제출했을 때 두 사람의 미래 노벨상 수상자가 포함된 논문 심사 위원들은 그녀의 발견이 논문에 실린 내용 중에서 가장 위대한 업적이라고 말했다. 그해 마리는 노벨상을 받았다. 그리고 8년 후, 화학 분야에서 또 하나의 노벨상을 받았다. 그러나 장기간 방사성물질에 노출된 그녀의 건강은 나빠져 있었다. 마리 퀴리가 썼던 실험 노트는 지금까지도 방사성물질로 오염되어 있어 국립도서관은 그녀의 노트를 보고 싶어 하는 사람들에게 방사성물질의 위험에 대해 스스로 책임지겠다는 문서에 서명하도록 하고 있다.

▼ 마리 퀴리(이 사진에는 실험실에 남편 피에르 퀴리와 함께 있는)는 남성 고유 영역에서 여성을 위한 길을 개척한 전설적인 업적을 남겼다. 그녀는 연구를 위해 일생을 바친 헌신적인 연구자였으며 유일하게 두 과학 분야에서 노벨상을 수상한 과학자였다.

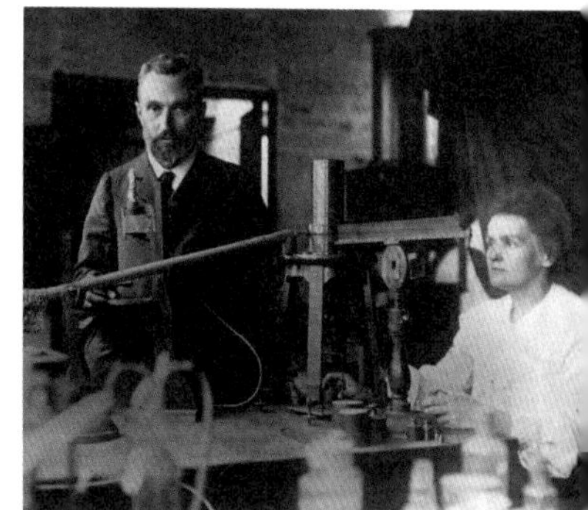

1

그래핀의 두께(탄소 원자)

그래핀은 탄소 원자들이 2차원적으로 배열되어 만들어진 결정으로, 그 두께는 원자 하나의 두께인 0.3nm며 원자 사이의 간격은 0.1nm이다. 그래핀은 각각의 원자들이 이웃 원자들과 네 개의 강한 결합을 하고 있는 탄소 원자들이 육각형으로 배열되어 만들어진 결정이며, 놀라운 성질을 가지고 있는 물질이다. 그래핀 한 층은 사람의 머리카락보다 얇아서 사람의 눈에는 보이지 않으며 300만 층이 쌓여야 겨우 1mm의 두께가 된다.

그래핀은 세상에서 가장 얇고, 가장 강하며, 가장 전도성이 좋은 물질이면서도 잘 늘어나거나 휘어진다. 강철보다 200배 더 강하면서도 여섯 배나 더 가볍고 표면에 도달하는 빛의 2%만 흡수하기 때문에 거의 투명하다. 또 헬륨 원자나 두 개의 수소 원자로 이루어진 수소 분자와 같은 가장 작은 기체 분자도 침투할 수 없다. 컬럼비아 대학 기계공학과의 제임스 혼James Hone 교수는 "그래핀으로 만든 가정용 랩 두께의 판을 뚫기 위해서는 연필 끝으로 코끼리 무게 정도의 힘을 가해야 할 것이다"라고 설명했다. 노벨상 위원회에 의하면, 1넓이의 그래핀은 고양이 수염(0.77mg)보다 가볍지만 4kg의 고양이를 지탱할 수 있다.

스카치테이프 과학

그래핀의 존재는 1947년에 이미 이론적으로 예측되어 있었다. 연필에서 쉽게 발견할 수 있는 탄소로 이루어진 흑연이 사실은 여러 겹을 겹쳐 쌓아놓은 그래핀이라는 것을 알게 된 것이다. 그러나 어느 누구도 흑연에서 그래핀을 떼어내는 방법을 몰랐다. 하지만 그 방법은 놀라울 정도로 간단했다.

2004년에 러시아 출신으로 맨체스터 대학 연구원으로 있던 안드레 가임Andre Geim과 콘스탄틴 노보셀로프Konstantin Novoselov는 과학자들이 스카치테이프를 이용하여 흑연의 바깥층을 벗겨내 흑연을 연마하는 방법에 대한 이야기를 들었다. 또한 사용하고 버린 테이프가 엄청난 가치의 물질, 즉 그래핀을 가지고 있다는 것을 알아차렸다. 그들은 스카치테이프를 이용하여 반복적으로 흑연 표면을 떼어냄으로써 그래핀을 얻을 수 있었고, 전기적 측정을 통해 그들의 성공을 증명하는 역사적 논문을 발표했다. 6년 후에는 그래핀의 발견으로 노벨 물리학상을 공동 수상했다.

누구든 스카치테이프를 이용하여 자신의 그래핀을 만들 수 있다. 그리고 연필을 사용한 적이 있다면 틀림없이 그래핀을 만들었을 것이다.

▼ 탄소 원자로 이루어진 육각형 격자를 보여주고 있는 그래핀의 구조. 전체가 한 층으로 이루어져 있어 그래핀은 세계 최초의 2차원 물질이라 불리고 있다.

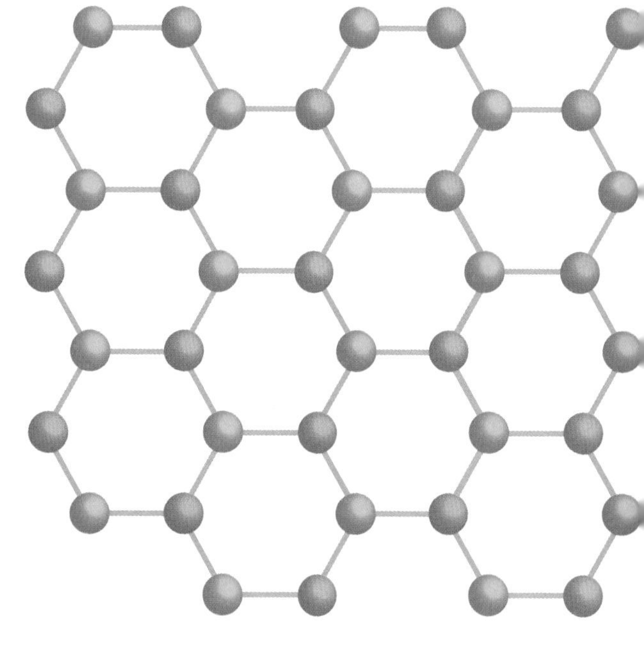

강한 강도와 가벼움 그리고 높은 전도율로 인해 새로운 물질에 대한 기대가 커졌지만 한편으로는 또 다른 형태의 탄소 물질인 '버키볼buckyballs'이라고도 부르는 풀러렌fullerene과 탄소나노튜브에 대한 연구는 경고를 보내고 있다. 탄소나노튜브는 기본적으로 그래핀을 말아놓은 구조를 가지고 있어 그래핀과 마찬가지로 응용 가능성이 많은 물질이다. 그러나 일정한 성질을 가지고 있는 탄소나노튜브의 대량 생산은 매우 어렵다는 것이 증명되었다. 그래핀 역시 실용적으로 사용할 만큼 대량으로 생산하는 데는 비슷한 어려움이 있을 것으로 예상된다.

1.229

지구 대기의 밀도(kg/m³)

1.229kg/m³은 해수면(SLS)에서 측정한 지구 대기의 밀도다.

밀도는 온도와 압력에 따라 달라지고, 온도와 압력은 고도에 따라 달라지기 때문에 측정이 이루어진 곳의 고도는 매우 중요하다. 일반적으로 그리스 문자 ρ로 나타내는 기체의 밀도는 표준압력과 표준온도(STP)에서 측정한다. 그러나 표준온도 0℃는 지구 표면에서의 대기 온도로는 너무 낮다. 따라서 해수면이 고도의 기준으로 더 많이 사용된다. 공기의 이동(바람)도 밀도에 영향을 줄 수 있기 때문에 '정적'이라는 조건이 붙기도 한다.

표준상태에서 마른공기의 밀도는 1.29kg/m³이다. 국제표준대기(ISA)는 로켓이나 항공 분야에서 일정하고 비교 가능한 근삿값을 얻기 위해 사용하는 이상적인 대기의 모델이다. ISA 모델에서 해수면의 온도는 15℃이기 때문에 대기의 밀도는 1.275kg/m³이다. 온도가 올라가면 밀도는 작아진다. 따라서 20℃, 1기압에서 마른공기의 밀도는 1.2041kg/m³이다.

우리의 생각과 달리 수증기를 포함하고 있는 공기의 밀도는 마른공기의 밀도보다 작다. 물 분자가 질소나 산소 분자보다 가볍기 때문이다. 금성의 대기 밀도는 지구 대기 밀도의 90배나 된다. 반면에 화성의 대기 밀도는 지구 대기 밀도의 0.7%다.

+2

구리(Ⅱ)의 산화수

구리가 다른 원자나 이온과 결합하여 화학결합을 할 때 두 개의 전자를 공여하므로 구리의 산화수는 +2다. 산화수는 원자가 이온결합이나 공유결합을 할 때 얻거나 잃는 전자의 수를 나타낸다. 이것은 산화환원반응에서의 원소의 역할을 나타낸다. 산화환원반응에서 한 원소는 환원되고 한 원소는 산화된다.

환원된다는 것은 하나 이상의 전자를 얻어 (−)전하를 가지게 되는 것을 뜻하고, 산화된다는 것은 하나 이상의 전자를 잃어 (+)전하를 가지게 된다는 것을 뜻한다.

▲ 자연에서 산화되지 않은 상태로 발견된 구리 덩이. 자연에서 순수한 금속이 발견되는 것은 드문 일로 인류가 금속 중에서 구리를 가장 처음 사용한 것은 이 때문이다.

예를 들면 구리(Cu)가 산소(O)와 반응하여 산화제2구리(CuO)를 만드는 경우 구리 원자는 두 개의 전자를 산소 원자에 공여한다. 따라서 구리는 산화되고 산소는 환원된다. 산화로 인해 구리의 산화수는 2 증가하는 반면 환원된 산소는 산화수가 2 감소한다. 원소 상태에서는 모든 원자의 산화수가 0이다. 따라서 산화구리가 형성되는 반응에서 구리의 산화수는 +2가 된다. 무기화학에서는 원소의 산화수는 원소기호 다음에 괄호 안에 로마숫자로 표시한다. 따라서 이 구리산화물의 정확한 명칭은 산화제2구리(Cu(Ⅱ)O)다.

하나 이상의 산화 상태를 가지고 있는 원소는 산화 상태를 아는 것이 중요하므로 하나 이상의 산화수를 가지고 있는 원소만 이런 식으로 나타낸다. 구리는 하나의 전자를 공여하는 산화수가 +1인 상태도 존재한다. 이 경우에는 또 다른 산화물인 산화제1구리(Cu_2(Ⅰ)O)를 만든다.

2

조지프 프리스틀리가 쥐에게 제공한 우수 공기의 양(oz)

1774에 조지프 프리스틀리Joseph Priestley는 쥐를 잡아 2온스의 공기가 들어 있는 유리그릇 안에 넣었다. 유리그릇 안에 넣은 공기는 산소였다. 프리스틀리는 이 공기 안에서는 쥐가 '보통의 공기(대기)' 안에서보다 네 배 더 오래 숨을 쉬는 것을 보고 놀랐다.

▲ 조지프 프리스틀리가 기체를 포집하여 연구하던 기구들.

프리스틀리는 자연철학에 관심을 가지고 있던 신학자로 벤저민 프랭클린Benjamin Franklin의 영향을 받았다. 양조장 가까이 살았던 사람으로부터 공기화학을 배운 그는 높은 압력에서 이산화탄소를 액체에 주입시켜 거품이 나게 만든 탄산수를 발명하여 유명해졌다. 빅토리아 시대의 과학자로 과학을 널리 홍보했던 토머스 헉슬리Thomas Huxley에 의하면 프리스틀리는 '자연 상태로 제공되는, 그러나 좀 더 인공적인, 목마른 영혼'으로 알려진 소다수를 발명했다.

촛불, 쥐, 타고 있는 유리, 녹색식물과 같이 호흡이나 연소와 관련된 도구를 이용하여 밀폐된 공간(뒤집어놓은 종 모양의 유리 용기)에 포함되어 있는 '공기' 실험을 통해 프리스틀리는 공기 안에 포함된 여러 가지 성분을 추적할 수 있었다(밀폐된 용기 안에 있는 물체에 불을 붙일 때는 렌즈를 이용하여 햇빛을 한 점에 모아 불을 붙였다). 당시에도 타고 있는 촛불이나 쥐는 밀폐된 공간에서 일반적인 공기 안에 포함된 생명(연소를 지원하는) 성분을 고갈시켜버린다는 것이 잘 알려져 있었다. 1771년에 프리스틀리는 녹색식물을 이용하면 생명을 지탱시키는 성분을 다시 보충할 수 있다는 것을 보여주었다. 그는 공기가 생명이나 연소를 지원하는 능력은 "식물의 창조를 통해 계속적으로 치유된다"고 결론지었다.

증명 완성하기

1774년 프리스틀리는 '내가 왜 이 실험을 하게 되었는지는 잘 기억나지 않는다. 그러나 이 실험에서 별다른 결과를 기대하지 않았던 것은 확실하다'라고 기록해놓은 것을 통해 알 수 있듯이 별다른 생각 없이 밀폐된 용기 안에 촛불을 켜놓고 옆에 놓여 있던 산화수은을 렌즈를 이용하여 가열하는 실험을 했다. 그런데 놀랍게도 이 공기 안에서 '촛불이 격렬하게 타올랐다' 이 공기는 물건을 밝게 타오르게 했지만 처음에 그는 '이 공기가 보통의 공기라고 생각했다. 그러나 다른 사람들에게 확인시켜주기 위해 쥐를 이용해 다시 실험해보기로 했다'.

그는 이 공기 2온스를 용기 안에 주입했다. "보통 공기라면 실험에 사용한 것과 같이 다 큰 쥐는 15분 정도밖에 살지 못한다. 그러나 이 실험에 사용된 쥐는 한 시간을 살아 있었다. ……그리고 실험으로부터 아무런 손상도 입지 않은 것 같아 보였다." 그것은 보통의 공기가 아니라 '우수한 공기'였다. 프리스틀리는 산소를 발견한 것이다.

그러나 프리스틀리는 최초로 산소를 발견한 사람이 아니었다. 스웨덴의 화학자 칼 셸레Carl Scheele가 1771년 이전에 그가 '불의 공기'라고 명명한 기체를 분리해냈다. 하지만 그는 자신의 발견을 프리스틀리보다 늦게 발표했다. 이 새로운 기체에 현대적 이름을 붙인 사람은 프랑스의 위대한 화학자 라부아지에Lavoisier(136쪽 참조)였다. 프리스틀리는 플로지스톤설(33쪽 참조)을 받아들이고 있었기 때문에 자신이 물체로부터 플로지스톤을 빼앗아 물체의 연소를 돕는 탈플로지스톤 기체를 발견했다고 믿었다. 라부아지에는 새로운 공기가 새로운 연소 이론에서 핵심적인 역할을 한다는 것을 보여주었다. 새로운 연소 이론에 의하면, 연소는 물질이 플로지스톤을 방출하는 것이 아니라 이 새로운 기체와 결합하는 반응이었다. 그는 이 새로운 원소가 모든 산에 포함되어 있다고 믿었기 때문에 '산을 만드는'이라는 뜻을 가진 그리스어를 따라 산소oxygen라고 불렀다.

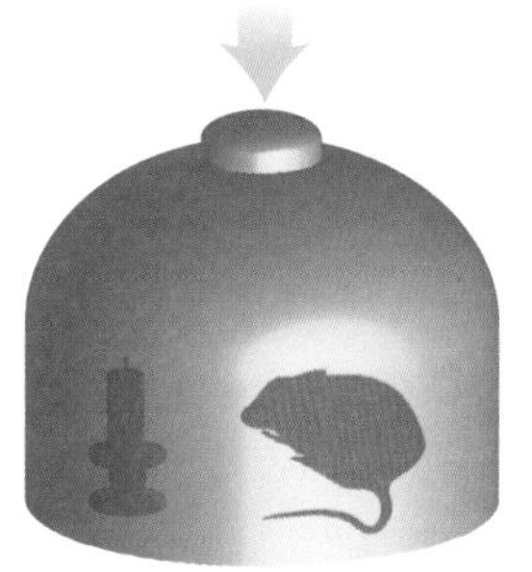

▲ 1771년에 프리스틀리가 했던 실험을 간단히 나타낸 것. 위 실험에서는 타고 있는 촛불과 쥐가 산소를 빠르게 소모한다. 아래 실험에서는 녹색식물이 다시 산소를 공급해 촛불이 계속 타고 쥐가 살아 있다.

3

파라셀수스가 제안한 원리의 수: 황, 수은, 염

삼원리tria prima는 16세기 내과 의사 겸 연금술사였던 파라셀수스가 제안한 형이상학 체계에서 모든 물질을 이루고 있는 기본적인 세 가지 원소를 말한다.

파라셀수스는 스위스에서 태어나 신비한 연금술을 화학으로 발전시키는 과정에서 중요한 역할을 한 테오파라스투스 봄바스투스 폰 호엔하임1493~1541의 라틴어 이름이다. 널리 알려졌지만 논란의 대상이기도 했던 파라셀수스는 신성한 소를 죽이는 등 사람들을 화나게 하는 일을 많이 했으나 후에 화학으로 발전하는 기반을 마련한 사람이기도 했다. 또 페르시아의 의사 겸 연금술사였던 자비르 이븐 하이얀Jābir ibn Hayyān, 721~815년경의 이론을 발전시켜 아리스토텔레스의 4원소설(54쪽 참조)을 물질에 관한 새로운 개념을 반영할 수 있도록 수정했다.

자비르와 연관된 연구를 통해 무슬림 연금술사들은 금속의 기원에 대한 아리스토텔레스 이론을 발전시켰다. 아리스토텔레스는 지구에서의 금속은 태양 빛의 작용으로 만들어진 두 가지 '증발기'의 결합에 의해 형성된다고 설명했다. 자비르는 이 증발기를 수은과 황이라고 부른 두 가지 원리로 구체화했다. 그러나 이 두 가지 원리는 같은 이름의 우리가 알고 있는 물질을 가리키는 것이 아니었다. 이 '이원리론'에서는 금속의 성질이 금속에 포함된 두 가지 원리의 비율과 순수성에 의해 결정된다고 했다. 따라서 정화와 재결합을 통해 한 종류의 금속을 다른 종류의 금속으로 변환시킬 수 있다고 했다.

▲ 영혼과 물질의 변환을 연구하는 신비한 실험인 연금술을 화학으로 발전시키는 데 핵심적인 역할을 한 자비르 이븐 헤이얀(아래. 서양에는 게베르(Geber)라고 알려져 있는)과 파라셀수스(위)는 화학원소를 암시하는 기본 원리 이론을 발전시켰다.

염의 첨가

파라셀수스는 이원리설에 생명체와 유기물을 나타내는 세 번째 원리인 염을 첨가하여 금속뿐만 아니라 모든 물질을 원리설 체계 안에 포함시켰다. 파라셀수스와 그의 추종자들이 발전시킨, 조금은 신비하고 불분명한 모델에서는 모든 물질이 고체의 성질 및 마른 성질과 관련 있는 '낮은' 염 원리와 유동성과 휘발성 그리고 변환과 관련 있는 '높은' 수은 원리, 기름의 성질 및 연소성과 관련 있으면서 '높은' 원리와 '낮은' 원리를 연결해주는 중간의 황 원리를 포함하고 있었다. 파라셀수스는 아리스토텔레스의 4원소에 이 세 원리를 겹쳐 12가지 기본 그룹을 만든 뒤 인간의 몸이나 의약품까지 이 체계 안에 포함시켰다. 그 후 연금술사들은 담과 흙의 두 원리를 더해 삼원리설을 5원리설로 만들었다.

이러한 형이상학적 모델의 확장이 물질의 조성을 좀 더 잘 설명하거나 실용성이 있었는지는 의문이지만 학자들이 아리스토텔레스주의에서 벗어나 자연철학이 새롭게 접근할 수 있는 여지를 마련한 데 그 중요성이 있다고 보인다.

연금술사들은 고전적인 권위에 얽매이지 않고 실험실에서 관찰한 현상에 더 많은 주의를 기울이기 시작했다. 새로운 원소 체계와 모델이 크게 늘어난 것은 실험에 더 집중한 결과였다. 로버트 보일Robert Boyle(134쪽 참조)과 같은 사람들에 의해 등장한 과학적 화학이 부분적으로는 이원리설이나 삼원리설 그리고 5원리설에 대한 반발에 의한 것이었지만(보일은 자신의 저서 《회의적 화학자》에서 원리설을 저속한 화학자들이 가르친 화학 원리라고 했다), 그것은 의학이나 금속학과 같은 분야에서 발전된 실험과 응용 화학의 직접적인 결과이기도 했다.

▼ 파라셀수스가 삼원리설에서 제안한 세 가지 원리를 따라 이름 붙인 수은, 황, 염을 세 가지 물질과 혼동해서는 안 된다.

4 물질 상태의 수

물질에는 고체, 액체, 기체 그리고 플라스마의 네 가지 상태가 있다. 앞의 세 가지 상태는 일상생활에서 접할 수 있어 익숙하지만 네 번째 물질은 19세기가 되어서야 밝혀졌다.

물질의 온도가 올라가면 물질의 상태가 변한다. 낮은 온도에서는 입자(원자와 분자)가 한자리에 머물러 결합을 유지할 정도로 정지해 있어 고체가 된다. 열을 가하면 입자들이 에너지를 얻어 빠르게 움직인다. 따라서 입자들 사이의 결합이 약해져 계속해서 끊어졌다 다시 결합하게 된다. 고체가 변하면 액체가 된다. 계속해서 더 많은 열을 가하면 입자들이 아주 빠르게 운동해 더 이상 결합을 유지할 수 없게 된다. 따라서 입자들이 개별적으로 날아다니게 된다. 액체가 기체로 변한 것이다.

더 많은 열을 가하거나, 자기장 또는 전기장과 같은 다른 방법으로 에너지를 더해주면 전자들이 원자핵의 속박에서 벗어나게 된다. 그렇게 되면 기체가 전하를 띤 입자들(전자와 이온들)로 이루어진 수프 같은 상태가 된다. 이것이 물질의 네 번째 상태인 플라스마다.

▲ 윌리엄 크룩스는 전기와 부분 진공 사이의 관계를 연구하기 위해 기체 분자를 향해 전자 빔을 발사할 수 있는 음극선관을 발명했다.

뉴턴의 동의를 받을 가치 있는 물질

앞의 세 가지 상태는 셸레, 블랙, 캐번디시 그리고 프리스틀리가 고체 및 기체와 함께 여러 가지 종류의 '공기'가 존재한다는 것을 증명한 18세기부터 알려져 있었다. 이전의 고전적인 원소들도 물질의 상태를 암시하고 있었다고 할 수 있다. 흙, 물, 공기는 각각 고체, 액체, 기체를 나타내는 것이었다고 할 수 있다. 네 번째 상태의 발견은 영국의 위대한 과학자 마이클 패러데이Michael Faraday, 1791~1867가 전자기학을 발견한 후의 일이다.

그는 자신이 '방사 물질'이라고 부른 물질에 대해 "우리가 증발하는 것 이상으로 물질을 변화시켜 유동성 이상의 성질을 가지게 한다면, 그리고 그러한 변화가 비례해서 계속 일어난다면 우리는 아마도 방사 물질에 도달할 수 있을 것이다. ……그러한 체계의 단순성은 매우 아름다운 이상적인 상태여서 뉴턴의 동의를 받을 가치가 있을 것이다"라고 기록했다.

우주의 물리적 기반

패러데이의 언급에도 불구하고 일반적으로 물질의 네 번째 상태를 '발견한' 것으로 인정받는 사람은 영국의 과학자 윌리엄 크룩스Sir William Crookes, 1832~1919다. 크룩스는 그의 이름을 따서 크룩스관이라고 부르는 소량의 기체를 넣은 유리관에 음극선(전자의 흐름)을 통과시키면서 전류가 부분적인 진공상태에 주는 영향을 연구하고 있었다. 음극선을 통과시킨 기체가 빛을 내거나 전기를 통과시키는 것처럼 흥미 있는 성질을 나타낸다는 것을 발견한 그는 패러데이를 따라 크룩스관 안에 만들어진 물질을 '방사 물질' 또는 '네 번째 상태의 물질'이라고 불렀다.

'이 네 번째 상태의 물질을 조사한' 크룩스는 〈네이처〉에 유명한 논문을 발표했다. "우리는 마침내 우주의 기반을 이루고 있는 것으로 보이는 작은 입자들을 손에 넣게 되었고 마음대로 제어할 수 있게 되었다."

1928년에 노벨상을 수상한 미국의 화학자 겸 물리학자인 어빙 랭뮤어Irving Langmuir, 1861~1957는 이 네 번째 상태를 '플라스마'라고 불렀다. 현재 플라스마는 관측 가능한 우주에서 가장 일반적인 물질의 상태라는 것을 알게 되었다. 별 구성 물질이 대부분 플라스마로 이루어져 있고, 성간 공간에 흩어져 있는 물질 대부분도 플라스마여서 관측 가능한 우주의 99% 이상이 플라스마다.

자연 상태의 플라스마와 인공 플라스마가 외계는 물론 우리의 일상생활 어디에서나 발견된다. 번개와 벼락, 극지방에 나타는 오로라, 태양풍, 플라스마 텔레비전, 네온사인과 형광등, 핵융합로 그리고 로켓 분사에서 플라스마를 발견할 수 있다.

▼ 도넛형 핵융합로의 기본 구조. 이 핵융합로 안에서 자기장에 의해 속박된 플라스마가 핵융합이 일어날 때까지 가열된다.

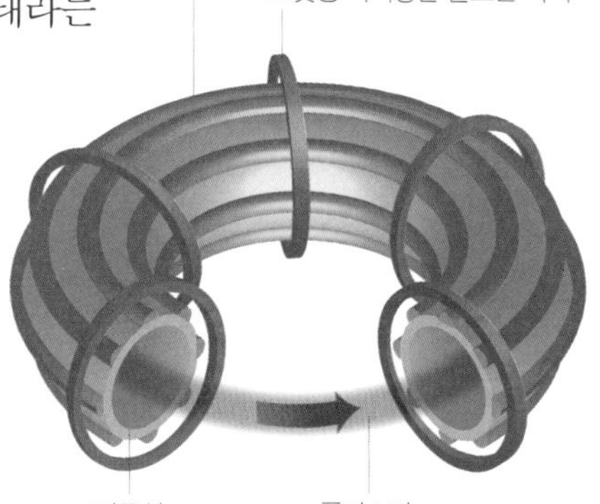

4

탄소의 원자가

탄소의 원자가는 4다. 원자가는 원자의 결합 능력을 나타내는 것으로, 원자가 얼마나 많은 결합을 형성할 수 있는지를 뜻한다.

19세기 화학의 가장 큰 과제는 원자들 사이의 결합 지배 법칙을 설명하고 체계화하는 것이었다. 그리고 원자의 구조와 화학에서의 전자의 역할을 이해하면서 원자가를 이해하게 되었다. 원자가는 원자의 가장 바깥쪽 전자껍질에 들어가 있는 전자의 수에 의해 결정된다 (전자껍질에 대해서는 60~61쪽 참조). 이런 전자를 최외각전자라고 한다. 원자가는 주기적인 법칙을 따른다. 따라서 주기율표에서 같은 족에 속하는 원소들은 같은 원자가를 갖는다. 옥텟 규칙(60~61쪽 참조)에 따라 원자가 가질 수 있는 최대 원자가는 4다. 이것은 탄소를 비롯한 4족 원소들의 원자가다. 여섯 개의 양성자와 여섯 개의 전자를 가지고 있는 탄소 원자에서 두 개의 전자는 안쪽 껍질에 들어가고 네 개의 전자만 가장 바깥쪽 껍질에 들어간다.

탄소 원자가 다른 종류의 원자 또는 다른 탄소 원자와 네 개의 공유결합을 형성하는 놀라운 성질을 가지는 것은 탄소의 높은 원자가 때문이다. 결합은 단일결합일 수도 있고, 이중결합일 수도 있으며, 삼중결합일 수도 있다. 그리고 탄소 원자는 얼마든지 긴 사슬을 만들 수 있다. 이 탄소 사슬에 다른 원자들이 부착하여 복잡한 분자를 만들어낸다. 다양한 화합물을 만들 수 있는 탄소의 무한한 가능성은 유기화학 분야를 탄생시켰고, 탄소를 지구 상에 살고 있는 모든 생명체의 기반이 되게 했다.

4.186

물의 비열(J/g℃)

물 1g의 온도를 1℃ 올리는 데는 4.186J의 에너지가 필요하다. 이것이 열량의 단위인 칼로리(cal)의 정의다. 지구 생태계의 가장 중요한 구성 요소인 물의 비열은 매우 높다.

물질의 비열은 정해진 질량의 물질을 정해진 온도만큼 올리는 데 필요한 에너지를 말한다. 표준화를 위해 비열은 1g의 질량과 1℃의 온도 변화를 기준으로 하고 있다. cal는 물 1g을 1℃ 높이는 데 필요한 에너지로 정의한다. 물질의 열용량은 비열에 질량을 곱한 값이다. 따라서 열용량의 단위는 J/℃이다. 예를 들어 물 1리터(1000g)의 열용량은 1000×4.186=4186J/℃이다.

물의 비열은 매우 높아 알루미늄의 비열보다 다섯 배 더 높고, 철이나 구리의 비열보다 약 열 배 더 높다(구리 1g의 온도를 1℃ 올리는 데는 0.385J의 에너지가 필요하다). 물의 높은 비열은 물의 온도 조절 능력을 도와준다. 따라서 지구 대기의 온도가 크게 변하는 동안 바다의 온도는 훨씬 적게 변한다. 때문에 기후가 크게 변해도 물의 온도는 상대적으로 조금 변한다. 이것은 수중 생명체에게 좋다.

수중 생명체는 육지 생명체보다 극단적인 기후에 노출될 가능성이 적다. 그리고 바다가 지구 전체의 기후를 조절하는 역할을 할 수 있도록 한다. 특히 해안 지방의 기후에 큰 영향을 준다.

5

아리스토텔레스 우주론에서의 원소의 수

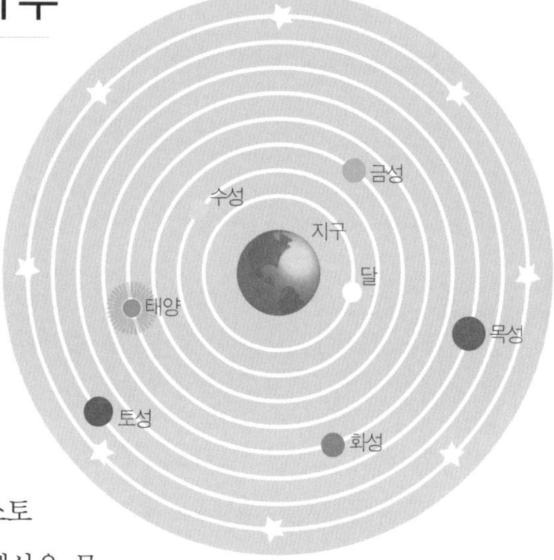

고대 그리스의 철학자들은 늘어나는 원소들 때문에 어려움을 겪었다. 형이상학의 첫 번째 책에서 아리스토텔레스는 원소에 대한 생각의 발전 과정을 추적해놓았다. "원소는 모든 물질을 이루고 있는 것, 물질이 시작된 최초의 것, 물질이 마지막으로 돌아가는 것(남아 있지만 수정을 통해 변해가는 물질)이다." 아리스토텔레스는 탈레스가 '이런 형태의 철학의 창시자이며 세상은 물로 이루어졌다고 말했다'라고 설명했다. 탈레스는 지구도 물 위에 떠 있다고 했다. 아낙시메네스와 디오게네스는 '공기가 물보다 앞선' 기본 원소라고 주장했으며 메타폰티움의 히파투스와 에페수스의 헤라클레이토스는 '불이 제1원리'라고 했다. 엠페도클레스는 네 번째 원소인 흙을 추가하고 이들 중 어느 것도 더 기본적이지 않다고 했다. 그는 "이것들은 항상 존재하며 많아지거나 적어지는 것을 제외하면 생겨나지 않고, 모여서 하나가 되거나 하나로부터 분리된다"고 했다.

아리스토텔레스는 엠페도클레스의 네 가지 원소에 천구에만 있는 다섯 번째 원소인 에테르를 추가했다. 그의 우주론에서는 지상 세계와 하늘이 전혀 달랐다. 지상 세계는 우주 중심에 자리 잡고 있고, 하늘에는 천체와 고정된 별들을 위한 수정구들이 있었다. 이 수정구는 완전하고 변하지 않는 에테르로 이루어져 있었다. 아리스토텔레스의 우주론은 15세기 후반까지 서유럽에서 받아들여졌으며, 화학을 비롯한 모든 과학 분야의 지배적인 이론 체계로 인류 역사에 가장 많은 영향을 끼쳤다.

▲ 아리스토텔레스의 우주를 간단히 나타낸 그림. 지구가 중심에 자리 잡고 있고 다른 천체들은 동심원 수정구 위에 있었으며 별이 고정되어 있는 에테르로 이루어진 천구로 둘러싸여 있었다.

6

란탄 계열의 주기

주기율표의 여섯 번째 주기에는 희토류금속인 란탄 계열의 원소들이 포함되어 있다. 이 원소들은 1787년에 스웨덴의 광산촌 위테르뷔Ytterby에서 발견된 광석에서 처음 발견되었다. 그 당시에는 이 금속원소를 포함하고 있는 광석이 희귀하여 희토류라고 부르게 되었다. 그러나 실제로 희토류금속은 비교적 많이 존재하며(희토류 산화물의 지구 전체 매장량은 1억 5000만 톤으로 추정된다) 백금족 금속보다 훨씬 풍부하다.

란탄 계열 원소들은 대부분 화학적 성질이 비슷한 연한 은백색 금속으로, 원자번호가 57번인 란탄(La)에서부터 원자번호가 71번인 루테튬(Lu)까지 열다섯 원소들이다. 여기에는 산업용이나 과학적 용도로 널리 사용되고 있는 세륨, 네오디뮴, 유로퓸과 같은 원소들이 포함되어 있다. 란탄 계열 원소들은 화학적 성질에 가장 큰 영향을 주는 가장 바깥쪽 궤도가 모두 채워져 있고, 안쪽 궤도는 계열 안에서 원자번호가 증가함에 따라 차례대로 채워진다. 따라서 란탄 계열 원소들의 화학적 성질은 비슷하지만 빛이나 자성과 같은 물리적 성질은 다양하게 변한다.

란탄 계열 원소들은 주로 원유 정제를 위한 촉매, 자동차의 촉매 변환기, 영구 자석용 합금 등으로 사용된다. 그리고 이 원소들은 뚜렷이 구별되는 가시광선을 방출하므로 TV 스크린이나 광섬유에 사용되기도 한다.

6,6

나일론 제조에 사용된 폴리아미드의 분류 기호

6,6은 듀폰사와 듀폰의 책임 연구원 월리스 캐러더스Wallace Carothers가 1935년에 나일론 제조를 위한 기본 물질로 선택한 폴리아미드다. 이 숫자는 나일론의 선구 물질인 헥사메틸렌디아민과 아디프산에 포함되어 있는 탄소 원자의 수다.

20세기 초에 화학 분야의 최전선은 신비하고 복잡한 유기화학이었다. 그리고 유기화학의 가장 큰 수수께끼 중 하나는 고분자라고 알려진 긴 사슬로 이루어진 분자의 성질이었다. 고분자는 단위체가 반복적으로 연결되어 만들어진 커다란 분자로, DNA부터 셀룰로오스에 이르기까지 자연에서 많이 발견되는 생명체에 필수적인 분자다(159, 163쪽 참조). 초기 유기화학에서는 고분자를 이루는 단위체들이 어떻게 결합되는지를 잘 이해하지 못했다. 고분자를 이루는 단체들도 작은 화합물에서 이루어지는 것과 같은 화학결합을 하여 긴 사슬을 형성하는 것인지, 아니면 생명체만 가지고 있는 특별한 힘으로 결합되어 있는 특이한 상태인지가 명확하지 않았다.

▲ 경제성이 있는 최초의 인공섬유였던 나일론은 여성 패션에 큰 변화를 가져왔다. 나일론 스타킹이 큰 인기를 누려 공급이 수요를 따라가지 못해 '나일론 폭동'을 야기하기도 했다.

퓨리티 홀

자연에 존재하는 고분자를 가공한 고분자 물질이 19세기에 처음 만들어졌다. 그것은 셀룰로오스를 가공하여 만든 인조견으로 레이온이라고 불렸다. 그러나 순수한 합성을 통해 고분자 물질을 만든 사람은 미국 화학자 월리스 캐러더스였다.

하버드 대학에 있던 캐러더스는 1927년 거대한 화학 회사인 듀폰이 유기화학 분야의 연구를 위해 새로 조직한 '퓨리티 홀'이라는 별

명을 가진 '블루 스카이' 연구팀의 책임자로 영입되었다. 듀폰의 제안을 받아들이면서 그는 첫 번째 연구 프로젝트를 자세하게 기술했다. "나는 합성 분야에서 고분자 문제에 도전해보고 싶다. 고분자의 구조에 대해 아무런 의문점을 남기지 않는 방법으로 단순하고 결정적인 반응을 통해 거대한 분자를 만들어보겠다는 것이다."

캐러더스는 곧 알코올과 산을 반응시켜 에스테르를 만든 다음 이를 이용해 간단한 폴리에스테르를 합성하는 데 성공했다. 동료였던 줄리언 힐Julian Hill에 의하면, 캐러더스의 연구는 "마침내 고분자의 정체를 밝혀냈다. ……고분자는 진정한 의미에서 분자라기보다는 작은 단위들의 신비한 집합체라는 것을 밝혀냈다." 그러나 이 역사적인 연구는 시작에 불과했다. 1930년에 힐은 실을 뽑을 수 있는 최초의 순수한 합성섬유인 긴 폴리에스테르를 만들었다. 하지만 녹는점이 낮아 다림질을 하거나 세탁할 수 없었기 때문에 상업적인 사용에는 적당하지 않았다.

나일론의 등장

에스테르 대신 녹는점이 훨씬 높은 아미드를 사용하면 상업적으로 이용 가능한 섬유를 만들 수 있을 것이라는 캐러더스의 시도 역시 성공하지 못했다. 캐러더스가 적당한 선구 물질을 찾아내는 데는 4년이 걸렸다. 그동안 그는 정신 건강이 악화되어 우울증이 심해졌고, 신경쇠약으로 병원에 입원해야 했다.

1934년에 최초로 폴리아미드 섬유가 만들어졌다. 나일론이 만들어진 것이다. 그러나 나일론 생산에 사용된 선구 물질이 너무 비싸 캐러더스와 연구팀은 수백 가지 대체 물질로 시도해 본 후 두 가지 후보 물질을 찾아냈다. 하나는 펜타메틸렌디아민과 세바스 산으로 만든 5,10이었고, 하나는 폴리아미드 6,6이었다. 캐러더스는 5,10를 선호했지만 6,6의 가격이 더 저렴했다. 1938년까지 대량의 폴리아미드 6,6이 1년에 나일론 5000톤을 생산할 수 있는 새로운 공장에 공급되었다. 하지만 이는 캐러더스가 오랫동안 가지고 다녔던 청산칼리를 마시고 자살한 후였다(1937년).

▼ 퓨리티 홀에서 수행된 듀폰의 역사적인 연구는 캐러더스의 사망 후에도 계속되었다. 1950년대에 윌밍턴 연구 시설에서 화학자가 유기물의 화학반응을 지켜보고 있다.

6.941

리튬의 원자량(amu)

6.941은 가장 가벼운 금속이고 세 번째로 작은 원소인 리튬의 원자량이다. 리튬의 원자번호는 3으로 원자핵에 세 개의 양성자와 네 개의 중성자를 가지고 있다. 그러나 7.5% 정도의 리튬은 세 개의 중성자를 가지고 있는 리튬-6이다. 리튬은 빅뱅 후 처음 3분 동안 수소나 헬륨과 함께 만들어졌다.

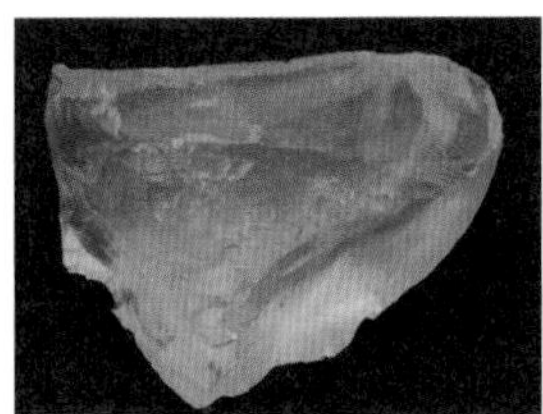

▲ 리튬의 중요한 광석인 페탈라이트.

리튬은 밀도가 물의 밀도의 반밖에 안 되는 은색 금속으로, 반응성이 크기 때문에 자연에서 순수한 상태로는 발견되지 않는다. 1817년에 스웨덴의 요한 아르프베드손Johan Arfwedson이 20년 전 스웨덴에서 발견된 광석을 분석하다가 처음 발견했다. 이 광석을 불에 던져 넣으면 강렬한 심홍색 불꽃이 발생했다. 아르프베드손은 나트륨과 비슷하지만 더 가벼운 알칼리금속이 광석에 포함되어 있을 것이라고 생각했지만 분리해낼 수는 없었다. 리튬이라는 이름은 '돌'을 뜻하는 그리스어에서 유래했다. 리튬은 식물이 아니라 광물에서 발견된 최초의 알칼리금속이기 때문이다.

리튬은 고체 원소 중에서 가장 큰 비열을 가지고 있기 때문에 열교환 장치나 합금으로 사용되고 있다. 그리고 아주 강한 전기화학적 퍼텐셜을 가지고 있어 가장 에너지 밀도가 높은 전지를 만드는 데 쓰인다. 리튬 이온 전지는 현재 휴대폰에서 전기 자동차에 이르기까지 대부분의 전기 제품에 필수적인 것이 되었다. 리튬 이온 전지는 비슷한 니켈-카드뮴 전지보다 네 배 더 많은 에너지를 저장할 수 있으면서도 온도 변화에 잘 견디고 장기간 보관도 가능하다.

7

질소의 원자번호

원자번호가 7인 질소는 지구 대기의 주요 구성 성분이며, 단백질과 DNA를 구성하고 있는 주요 원소여서 생명체에 없어서는 안 된다. 질소는 지구 상의 모든 생명 물질의 2.5%를 차지하고 있으며, 사람 몸을 구성하고 있는 원소들 중에서 네 번째로 많이 포함되어 있다. 또한 우주에 다섯 번째로 많은 원소로 지구 대기의 78%를 차지하고 있다. 지구 대기에 포함된 질소의 양은 약 4000조 톤이다. 반응성이 아주 낮아 불에 타지 않으며 색깔이나 맛 또는 냄새가 없고 액체에 잘 녹지 않는다.

질소는 1770년대에 여러 번에 걸쳐 주로 다른 기체를 제거하는 방법으로 발견되었다. 공기에서 산소나 이산화탄소와 같은 다른 구성 성분을 제거하고 남는 기체를 유해한 기체, 폐기된 기체, 타고난 기체 등으로 표현했다. 라부아지에는 이 기체를 '생명이 없는'이라는 뜻의 그리스어에서 따서 '아조트azote'라고 불렀다. 이 기체는 생명체를 지탱할 수 없다고 생각했기 때문이다. 그러나 1790년에 프랑스의 화학자 장 앙투안 샤프탈Jean Antoine Chaptal이 니트레라고 불리던 질산칼륨의 구성 성분인 이 기체를 니트레를 만드는 기체라는 의미에서 질소nitrogen라고 불렀다.

해왕성의 가장 큰 위성인 트리톤도 많은 양의 질소를 가지고 있다. 그러나 트리톤은 아주 추워 질소가 위성 표면에 단단한 바위처럼 얼어붙어 있다. 질소 얼음 자체는 투명하지만 암석 조각이나 불순물로 인해 어두운 부분이 만들어진다. 표면에 도달하는 적은 양의 태양 빛으로 부분 가열되는 지역에서는 질소가 기화되어 얼음과 먼지 입자를 표면 위 8km까지 밀어 올리는 간헐천이 만들어진다.

8

옥텟 규칙의 전자 수

옥텟 규칙은 대표적인 원소들의 가장 안정한 전자 구조를 결정하는 규칙이다. 대표적인 원소는 전이 금속 원소가 아닌 원소들로 특히 처음 20개의 원소를 말한다. 따라서 옥텟 규칙은 이 원소들이 어떤 종류의 이온을 형성하거나 어떤 화학결합을 할지 예측할 수 있게 해준다.

아래로 흘러내리는 물이 그 지역에서 가장 낮은 곳으로 흘러가 중력에 의한 위치에너지를 최소로 하는 것과 마찬가지로 물질은 주어진 조건, 즉 가능한 전자배치 중에서 가장 낮은 에너지 상태를 찾아가려는 경향이 있다. 가장 낮고 가장 안정한 에너지 상태를 이루도록 하는 힘이 화학결합의 기본 원리를 이끌어낸다. 이로 인해 전자들이 전체 에너지를 낮추도록 원자 주위 공간에 분포하게 된다.

불활성을 향해

주기율표에서 s블록과 p블록에 속한 원소들은 가장 바깥쪽 전자껍질의 전자들이 두 개나 여섯 개의 전자가 들어갈 수 있는 s궤도나 p궤도에 들어가 있다. 따라서 이런 원자들의 가장 바깥쪽 전자껍질은 여덟 개까지 전자가 들어갈 수 있다. 그리고 전자의 양자역학적 성질에 의해 가장 바깥쪽 전자껍질이 채워졌을 때 가장 에너지가 낮은 안정한 상태가 된다. 불활성기체들은 주기율표에서 가장 오른쪽 열을 차지하고 있다. 이 원소들은 가장 바깥쪽 전자껍질에 여덟 개의 전자가 가득 채워져 있다. 이 원소들이 다른 원소와 잘 반응하지 않는 불활성인 것은 이 때문이다. 옥텟 규칙은 불활성기체가 아닌 다른 s와

p블록 원소들이 이온이나 결합을 만드는 것을 설명할 수 있도록 하는 원리다. 이 규칙에 의하면 원소들은 전자를 얻거나 잃어 가장 가까운 곳에 있는 불활성기체와 같은 전자구조를 가지려고 한다.

예를 들면 주기율표에서 1족의 알칼리금속은 가장 바깥쪽 전자껍질에 하나의 전자를 가지고 있다. 따라서 알칼리금속 원소들이 가장 가까운 곳에 있는 불활성기체와 같은 전자구조를 가지는 가장 쉬운 방법은 전자 하나를 잃고 가장 바깥쪽 전자껍질이 가득 채워진 상태를 만드는 것이다. 가령 원자번호가 11인 나트륨은 가장 바깥쪽 전자를 잃고 불활성기체인 원자번호 10번 네온과 같은 전자구조를 만든다. 따라서 나트륨은 전하가 +1인 이온을 만든다. 반면 가장 바깥쪽 전자껍질에 일곱 개의 전자를 가지고 있는 염소는 전자를 하나 받아들여 아르곤과 같은 전자구조를 만들려고 하므로 −1의 전하를 띤 이온을 만든다. 옥텟 규칙은 나트륨과 염소가 결합하여 분자식 NaCl 또는 이온식 Na^+Cl^-으로 나타내는 화합물을 만들 것이라는 것을 쉽게 예측할 수 있도록 한다.

루이스 다이어그램

옥텟 규칙은 공유결합에도 적용할 수 있다. 공유결합에서는 결합에 참여하는 원자들이 전자를 공유한다. 예를 들면 이산화탄소 분자에서 가장 바깥쪽 전자껍질에 네 개의 전자를 가지고 있는 탄소 원자(52쪽 참조)는 네 개의 전자를 얻어 네온과 같은 전자구조를 만들려고 한다.

CO_2 분자에서 탄소 원자는 각각 산소 원자와 두 개씩의 전자를 공유하여 모든 원자들이 가장 바깥쪽 전자껍질에 여덟 개의 전자가 배치되도록 한다. 루이스의 전자 점 다이어그램은 공유결합을 하는 원자들의 가전자들의 배치를 보여주는 간단한 방법이다. 다이어그램의 각 원자들은 모두 주변에 여덟 개의 가전자를 가지고 있어야 한다.

▼ 탄소 원자가 두 개의 산소 원자들과 어떻게 공유결합을 만드는지 보여주는 이산화탄소의 루이스 다이어그램. 공유결합에서는 분자를 이루는 모든 원자들의 가전자가 옥텟 규칙을 만족하도록 배치된다.

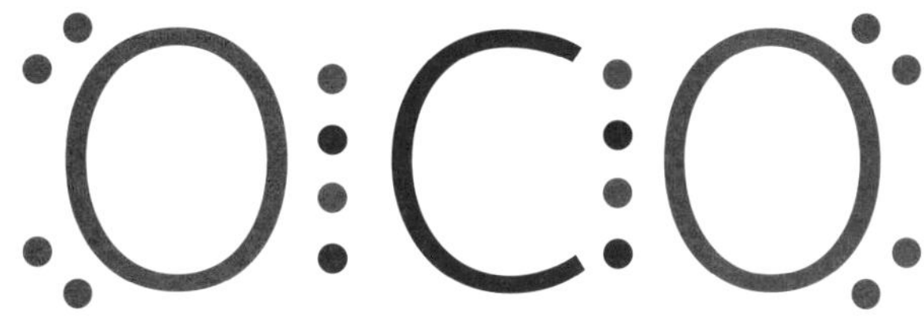

8.314

이상기체상수(J/Kmol)

8.314 J/Kmol은 일정한 양의 기체에서 온도가 압력과 부피의 곱과 어떤 관계를 가지고 있는지를 나타내는 이상기체상수를 정의하는 한 방법이다. 과학적 표기 방법에서는 기호 R을 이용해 나타내며 단위가 J/K인 기체상수는 여러 가지 현상을 설명하는 법칙들 안에 포함되어 있다.

화학이 과학으로 발전하던 초기에는 당시 사용 가능하던 측정 방법의 한계로 인해 정량적인 분석에 기체를 이용하는 것이 액체나 고체를 이용하는 것보다 훨씬 쉬웠다. 따라서 화학 분야의 많은 중요한 초기의 정량적인 법칙들은 기체 영역에서 수립되었다.

▼ 기체가 채워져 있는 피스톤의 압력(압력계 눈금을 통해 측정)과 부피(피스톤이 밀려난 정도를 통해 측정)의 변화를 통해 압력과 부피가 반비례한다는 보일의 법칙을 확인할 수 있는 간단한 실험 장치.

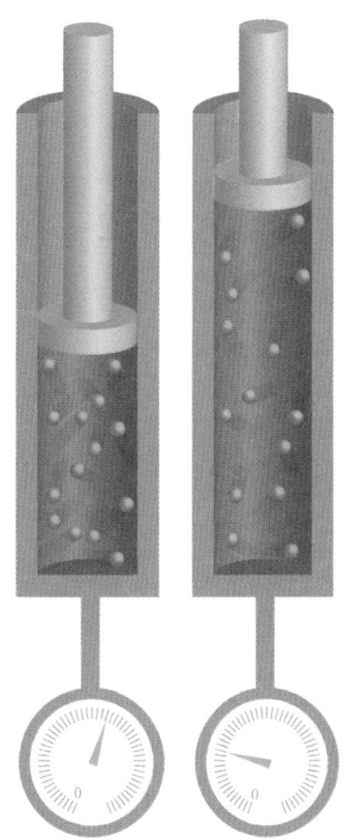

기체법칙들

최초의 위대한 발견은 일정한 온도에서 기체를 압축했을 때 압력과 부피 사이의 관계를 측정한 로버트 보일Robert Boyle(134쪽 참조)에 의해 이루어졌다. 보일은 부피(*V*)와 압력(*P*)을 곱한 값이 일정하게 유지되는 반비례의 관계가 있다는 것을 발견했다. 따라서 어떤 기체를 처음 부피의 반으로 압축하면 압력이 두 배가 되었다. 보일의 법칙 또는 압력-부피 법칙이라고 불리는 이 법칙은 첫 번째 기체법칙이다.

그 후 프랑스의 과학자 자크 샤를Jacques Charles과 조제프 게이뤼삭Joseph Gay-Lussac(155쪽 참조)이 압력과 부피가 온도와 어떤 관계를 가지고 있는지를 나타내는 법칙을 발견했다. 샤를의 법칙은 일정한 압력에서 부피는 온도(T)에 비례한다는 것이고, 게이뤼삭의 법칙은 일정한 부피에서 압력은 온도에 비례한다는 것이다. 보일의 법칙과 이 법칙들은 일정한 양의 기체에 적용된다.

이탈리아의 법률가 겸 과학자였던 아메데오 아보가드로Amedeo Avogadro(77쪽 참조)가 부피가 기체의 양(n)에 비례한다는 것을 알아내 숨은그림찾기의 마지막 조각을 제공했다. 아보가드로가 제시한 법칙에 의하면, 기체의 양을 두 배로 할 때 부피도 두 배가 된다. 몰수로 측정한 기체의 양은 기체 안에 들어 있는 원자와 분자의 수를 나타낸다.

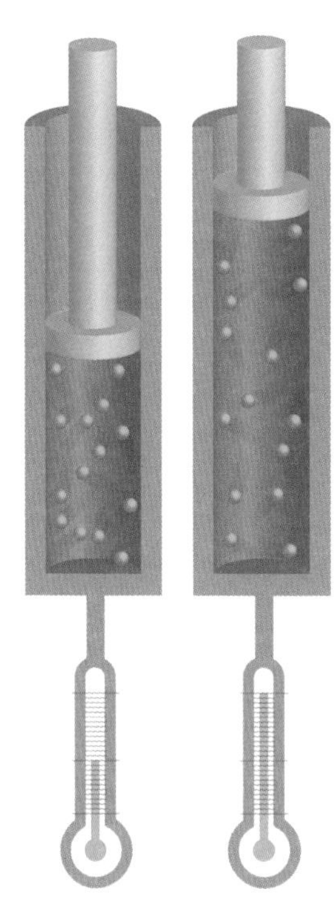

▲ 압력이 일정하게 유지된다고 가정하고 온도가 올라감에 따라 부피가 증가한다는(실린더의 높이 변화로 알 수 있는) 샤를의 법칙을 보여주는 실험 장치.

결합된 기체법칙

기체의 법칙들을 결합하면 $PV/nT=R$이라는 식으로 나타낼 수 있다. 이 식에서 R은 다른 변수들 사이를 연결해주는 상수다. 이 결합된 기체법칙은 정확히 기체법칙을 따르는 이상기체의 행동을 나타내기 때문에 R을 이상기체상수라고 한다. 또 보편기체상수, 몰 기체상수 또는 단순하게 기체상수라고도 부른다.

이 식에서 보면 이상기체상수는 (압력×부피)/(몰수×온도), 즉 atmL/molK의 단위를 가지며, 그 값은 0.0821atmL/molK이다. 이상기체 상태방정식은 물리학과 화학에서 기체 관련 문제를 다루는 데 사용된다. 이런 문제들에는 무게를 바탕으로 기체 화합물의 분자식을 구하는 문제를 비롯해 다른 변수들을 알고 있을 때 부피, 압력, 온도를 구하는 문제들이 포함된다.

기체상수의 값은 어떤 단위를 사용하느냐에 따라 달라진다. 압력과 부피를 곱한 값은 에너지이기 때문에 R은 에너지/(몰수×온도), 즉 J/molK라는 단위로 나타낼 수도 있다. 따라서 기체상수 R은 입자의 운동에너지와 온도 사이의 관계를 나타내는 데 사용할 수 있다. $PV=nRT$라는 식에서 RT는 분자들의 평균 운동에너지다. 따라서 nRT는 전체 기체 분자들의 총 운동에너지다.

10

광물의 경도를 측정하는 모스경도계

모스 경도는 1812년 독일의 광물학자 프리드리히 모스Friedrich Mohs가 광물의 경도를 측정하기 위해 만들었다. 모스 경도에서는 어떤 광물이 다른 광물에 흠집을 낼 수 있는지를 비교하여 광물의 경도를 1에서 10으로 나타낸다. 모스 경도가 아닌 다른 경도에서는 상대 경도보다는 정량적인 값을 이용하여 나타낸다.

모스경도계는 광물, 특히 보석에 경도 순위를 부여한다. 경도가 약한 광물부터 차례로 보면 활석, 석고, 형석, 인회석, 정장석, 수정, 황옥, 녹주석(에메랄드를 포함하는), 강옥(루비와 사파이어를 포함하는), 다이아몬드 순이다. 광물은 경도가 같거나 높은 광물로 긁으면 흠집이 생긴다. 따라서 서로 다른 금속을 긁어서 모스 경도를 결정한다. 예를 들어 정장석으로는 흠집이 생기지만 인회석으로는 흠집이 생기지 않는 광물의 경도는 5와 6 사이이다. 강철로 만든 줄의 모스 경도는 7 정도이고, 유리는 6이며, 동전은 3이다. 우리 손톱의 모스 경도는 2.5 정도다. 금이나 은 같은 귀금속의 모스 경도는 3~4 정도다.

▲ 다이아몬드라는 이름은 '깨뜨릴 수 없는'이라는 뜻을 가진 그리스어 'adamant'에서 유래했다. 다이아몬드는 높은 경도와 강도로 인해 경도 측정 장치에 주로 사용된다.

모스경도계는 여러 가지 약점을 가지고 있다. 쉽게 식별할 수 있는 깨끗한 흠집에만 적용할 수 있으며, 고운 입자로 이루어졌거나 부서지기 쉬운 광물은 모스 경도를 정하기가 어렵다. 더 중요한 것은 모스 경도는 임의로 정해진 광물을 표준으로 한 것이어서 경도 1 차이가 일정한 경도의 차이를 나타내지는 않는다. 예를 들어 모스 경도가 3과 4인 방해석과 형석의 경도 차이는 25%지만, 모스 경도가 각각 9와 10으로 모스 경도 차이가 똑같이 1인 강옥과 다이아몬드의 실제 경도 차이는 300%다.

압력 아래서

좀 더 정량적인 경도는 다이아몬드 같은 단단한 물체로 시료에 압력을 가해 정해진 크기의 흠을 만드는 데 필요한 하중을 측정하여 정한다. 1921년 비커스가 고안한 비커스 경도 측정에서는 피라미드 모양의 다이아몬드를 이용하여 시료 표면에 흠을 만든다. 가해진 힘과 만들어진 흠의 크기를 종합하여 비커스 피라미드 수(HV) 또는 다이아몬드 피라미드 경도(DPH)를 결정한다.

▲ 기름이 흐르는 것과 같은 느낌 때문에 비누돌이라고도 불리는 형석은 손톱으로도 흠집을 낼 수 있을 정도로 가장 무른 광물이다. 활석의 모스 경도는 1이다.

가장 경도가 큰 물질

또 다른 경도 측정 방법은 흠집을 만드는 데 필요한 압력을 파스칼(Pa)의 단위로 측정하는 것이다. 이를 인덴테이션 경도라고 한다. 2009년 〈피지컬 리뷰 레터스〉에 발표된 연구 결과에 의하면, 다이아몬드와 높은 압력을 가해 구조를 바꾼 두 결정의 경도를 비교하여 경도의 새로운 기록을 세웠다. 이 결정들에 압력을 가하면 가할수록 결정이 더 강해졌다. 다이아몬드의 인덴테이션 경도는 97GPa을 기록했지만 울츠 질화붕소라고 부르는 광물의 인덴테이션 경도는 114GPa이었다. 그리고 론스달라이트lonsdaleite, 또는 헥사곤다이아몬드라고 부르는 광물의 인덴테이션 경도는 152GPa에 달했다. 이는 다이아몬드의 경도보다 57% 더 높은 것이다.

11

나트륨의 원자번호

주기율표에서 1족인 알칼리금속에 속하는 나트륨의 원자번호는 11이다. 동물에게 가장 중요한 원소 중 하나인 나트륨은 반응성이 아주 커서 순수한 상태로는 존재할 수 없기 때문에 자연에서는 화합물로만 발견된다.

연하고, 광택이 나는 은색 금속인 나트륨의 새로 자른 단면에는 몇 분 안에 산화막이 생긴다. 나트륨을 물에 넣으면 물과 격렬하게 반응하여 수소를 발생시킨다. 이렇게 반응성이 높은 이유는 최외각전자가 하나여서 옥텟 규칙에 따라 쉽게 전자 하나를 잃기 때문이다(60쪽 참조). 따라서 나트륨은 환원 퍼텐셜이 −2.71V인 강력한 환원제로, 모든 원소 중에서 다섯 번째로 환원 퍼텐셜이 높다. 환원력이 가장 높은 리튬의 환원 퍼텐셜은 3.04V다.

바닷소금

나트륨은 반응성이 강해 자연에서 순수한 금속 상태로는 발견되지 않는다. 그러나 지각의 2.6%를 차지하고 있어 지구에 여섯 번째로 많이 포함되어 있는 원소다. 대부분의 나트륨은 우리가 식용 소금으로 알고 있는

▼ 바닷소금은 바닷물을 증발시켜 결정 상태의 소금만 남게 하여 생산한다. 바닷소금의 주성분은 염화나트륨이지만 소량의 마그네슘, 칼륨 외에도 다른 원소도 포함되어 있다.

염화나트륨(NaCl) 상태로 존재한다. 소금은 수십억 년 동안 지각에서 대부분 바다로 이동해 녹아 있다. 녹아 있는 모든 소금을 추출하여 말린다면 육지 전체를 150m 두께로 덮을 것이다.

나트륨의 또 다른 흔한 화합물은 탄산나트륨(Na_2CO_3, 소다로도 알려져 있는)이다. 1807년 험프리 데이비Humphry Davy가 처음으로 전기분해법을 이용하여 나트륨 금속을 분리할 때 사용한 화합물이 탄산나트륨이다 (123쪽 참조). 그는 나트륨이 '은빛의 광택을 가지고 있으며 …… 무척 잘 늘어나고 다른 어떤 금속 물질보다도 연하다……'라고 기록했다.

데이비는 나트륨을 소다에서 분리해 소듐이라고 불렀다(나트륨의 영어 이름은 현재도 sodium이다). 그는 라부아지에의 명명법을 따라 나트륨을 소다젠이라 부르자고 제안하기도 했다.

미라 만들기

고대부터 소다는 이집트의 와디 엘 나트룬 또는 나트론 계곡에서 얻었다. 나트론 소금이라고 알려진 소다는 이집트에서 수천 년 동안 행해진 미라 제작 과정에 사용된 핵심 물질이었다. 나트론은 흡습성이 강해 보존 처리 과정에서 몸 안의 물을 흡수하는 데 사용되었다. 간, 허파, 위 그리고 장기는 몸에서 분리하여(심장은 감정과 지혜의 자리라고 여겨 그대로 두었다. 그들은 죽은 사람이 사후 세계에서 살아가는 데 심장이 필요할 것이라고 생각했다) 씻은 후 나트론 안에 포장하여 항아리에 보관했다. 그리고 몸 안의 빈 공간과 시체 주변도 나트론으로 채웠다. 베르셀리우스는 소다의 이 고대 이름에서 나트륨이라는 라틴어 이름을 이끌어냈고, 이로 인해 나트륨의 원소기호가 Na가 되었다.

▼ 와디 엘 나트룬에서 채취한 나트론 소금은 고대 이집트의 장의사에게 필수적인 물질이었다. 나트론 소금은 습기를 제거해 미생물로 인해 부패되는 것을 방지했다.

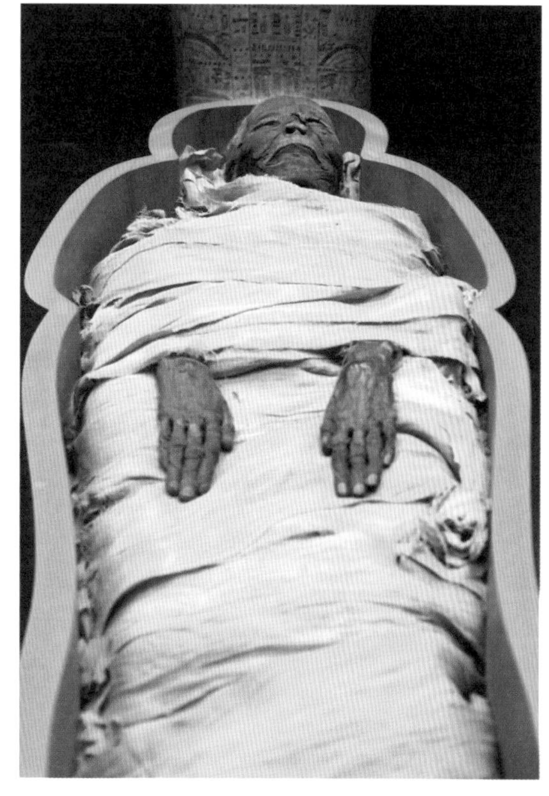

12.011

탄소의 원자량

탄소의 원자량은 12.011이다. 그렇다면 원자질량단위(20쪽 참조)를 정의하는 기준이 되고 있는 탄소의 원자량은 왜 딱 떨어지는 12가 아닐까?

탄소도 자연에서 발견되는 다른 원소들처럼 하나 이상의 동위원소를 가지고 있기 때문이다. 동위원소를 뜻하는 영어 단어 'isotope'는 '같은 장소에 있다'는 뜻을 가진 그리스어에서 유래했다. 이 말은 1913년에 영국 화학자 프레더릭 소디Frederick Soddy가 마거릿 토드Margaret Todd의 제안에 따라 주기율표에서 같은 자리를 차지하고 있지만 원자량이 달라 물리적 성질이 다른 원소를 지칭하기 위해 처음 사용했다. 같은 원소의 동위원소는 원자핵에 같은 수의 양성자를 가지고 있어 원자번호와 전자의 수가 같기 때문에 화학적 성질도 같다. 그러나 원자핵이 들어 있는 중성자의 수가 달라 원자량은 다르다.

자연에 존재하는 탄소의 대부분은 여섯 개의 양성자와 여섯 개의 중성자를 가지고 있는 탄소-12이다. 원자질량단위의 기준으로 사용되는 것은 바로 이 동위원소다. 그러나 자연에 존재하는 탄소의 1.07%는 일곱 개의 중성자를 가지고 있어 원자량이 13인 탄소-13이다. 중성자는 양성자보다 약간 큰 질량을 가지고 있어 C-13의 원자량은 13.003이다. 자연에 존재하는 탄소의 원자량은 이 두 동위원소의 원자량의 존재 비율을 감안한 가중 평균값이다. $(12\times0.9893)+(13.003\times0.0107)=11.8716+0.1391321\sim12.011$.

원자량의 수수께끼

동위원소의 발견으로 화학에서 오랫동안 풀지 못하고 있던 수수께끼가 풀렸다. 1815년에 윌리엄 프라우트William Prout는 측정한 원자량이 모두 수소 원자량의 정수배라는 것을 알았다. 그래서 다른 모든 원자들은 모든 물질의 원질인 수소 원자가 모여 만들어졌다고 제안했다. 프라우트의 원질protyle은 러더퍼드에게 큰 영향을 주어 양성자의 개념으로 발전했다. 양성자의 발견은 프라우트의 가설이 부분적으로 옳음을 증명한 것이었다. 그러나 19세기에 원자량을 좀 더 정확하게 측정하면서 프라우트의 가설은 폐기되었다. 원소들의 원자량은 정수가 아니라 정수에서 조금 벗어난 값이 확실했다. 또 일부 원소는 정수에서 크게 벗어나 있었다. 그중 염소의 원자량은 35.5였다. 따라서 프라우트의 이론은 폐기된 것처럼 보였다.

동위원소

19세기 말에 같은 원소의 원자들은 동일하다는 것이 밝혀졌지만 원자량이 분수로 나타나는 문제는 방사성이 발견되고서야 해결되었다. 토륨과 화학적 성질은 같지만 물리적 성질이 다른 물질이 분리되었다. 분석을 통해 이 물질이 다른 원자량을 가진다는 것을 확인한 소디는 이를 '동위원소'라고 불렀다. 이 연구로 소디는 1921년 노벨 화학상을 받았다. 처음에는 방사성원소만 동위원소를 가지고 있을 것이라고 생각했지만 곧 자연에서 발견되는 안정한 원소도 동위원소를 가지고 있다는 것이 밝혀졌다.

1919년에 프린시스 애스턴Francis Aston은 직접 발명한 질량분석기를 이용하여 네온의 두 동위원소를 분리해내고 원자량을 결정했다. 그리고 곧 염소도 두 가지 동위원소를 가지고 있다는 것이 밝혀졌다. 이로써 원자량이 분수 값이 되는 문제의 수수께끼가 풀렸다. 애스턴의 질량분석기는 많은 원소들이 동위원소를 가지고 있다는 것을 확실히 증명했다. 애스턴은 '질량분석기를 이용하여 많은 안정한 원소의 동위원소를 발견한' 공로로 1922년 노벨 화학상을 수상했다.

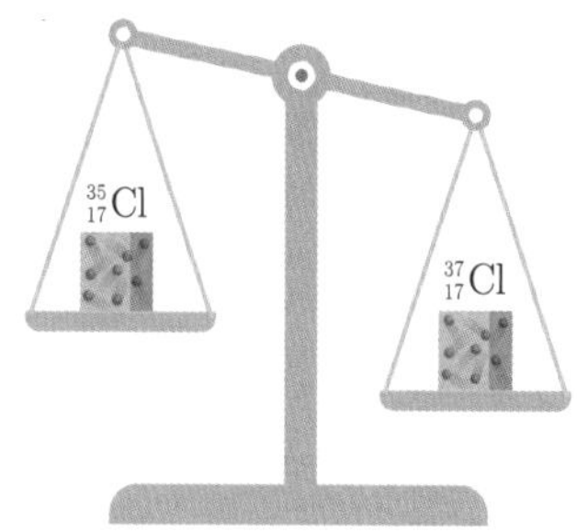

염소-35는 가벼운 동위원소다.

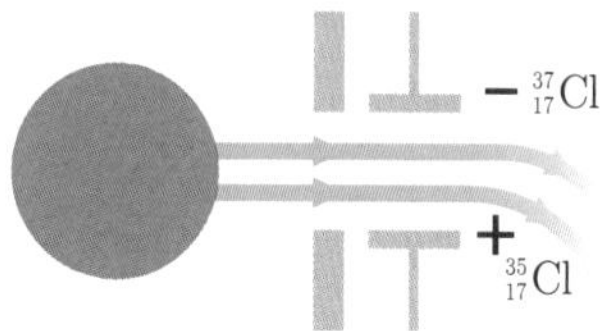

가벼운 동위원소는 전기장에서 더 많이 휜다.

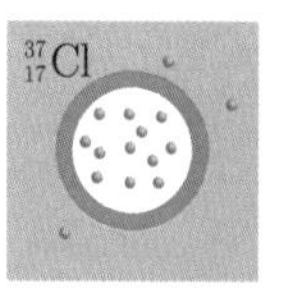

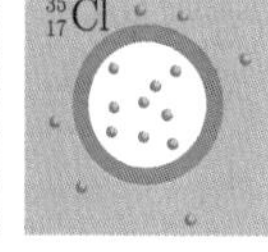

가벼운 동위원소는 작은 구멍이 있는 막을 통해 더 잘 확산한다.

▲ 같은 원소의 동위원소들은 화학적 성질이 같다. 그러나 약간 다른 질량으로 인해 그림에서 보는 것처럼 물리적 성질이 다르다.

13

이스트의 발효를 방해하는 알코올 농도(%)

포도주 알코올 농도의 최댓값은 약 13% 정도다. 이 농도보다 높아지면 알코올 발효를 하는 이스트의 발육이 멈추기 때문이다.

발효는 인류 역사에서 가장 오래전부터 사용해온 화학반응이었다. 인류의 조상들은 현재 많은 동물들이 그러는 것처럼 자연적으로 일어나는 발효를 이용하여 독을 해독했다. 수렵과 채취 생활을 하던 초기 인류는 발효된 과일을 우연히 접했을 것이고, 야생 꿀을 희석해 사용하는 동안 우연히 꿀로 만든 술을 맛보게 되었을 것이다. 사람들이 알코올 음료를 만들어 먹기 시작하면서 발효에 관계하는 미생물인 이스트는 인류가 처음으로 길들인 생명체가 되었다. 그러나 이스트는 19세기 중엽에 루이 파스퇴르Louis Pasteur의 연구로 처음 발견되었다.

이스트는 산소가 없는 환경에서 당을 발효하여 알코올을 만든다. 산소가 있는 환경에서는 다른 동물들과 마찬가지로 이스트도 당을 분해하여 물과 이산화탄소를 발생시키지만 산소가 없는 환경에서는 다른 생리작용을 통해 글루코오스($C_6H_{12}O_8$)를 발효시켜 에틸알코올(CH_3CH_2OH)과 이산화탄소(CO_2)를 발생시킨다. 그러나 알코올은 약한 독성을 가지고 있다. 따라서 일정 농도 이상에서는 효소의 작용을 방해하여 더 이상 알코올이 만들어지는 것을 방해한다. 이스트의 작용을 방해하는 농도는 이스트의 종류와 조건에 따라 다르다. 맥주 제조에 사용되는 이스트는 이 농도가 5~6%이고, 포도주를 만드는 이스트는 12~14%다.

13

라부아지에가 결혼할 때 아내 마리 안 피에레트의 나이

1771년 과학자가 되고 싶다는 꿈을 가지고 있던 한 젊은이가 동료의 딸과 결혼했다. 그 젊은이는 앙투안 라부아지에Antoine Lavoisier였고 아내는 열세 살밖에 안 된 마리 안 피에레트Marie-Anne Pierrette 였다. 라부아지에의 연구에서 마리 안이 어떤 역할을 했는지는 잘 알려져 있지 않지만 그녀는 '화학의 퍼스트레이디'가 되었다. 마리 안의 아버지 자크 폴즈Jacques Paulze는 프랑스 혁명이 일어나기 전 사설 세금 징수 회사를 운영했다. 어머니가 사망하자 마리 안은 수녀 학교를 그만두고 집안일을 돌보다 라부아지에를 만났다. 마리 안의 아버지는 세금 징수 청부인를 막 시작한 젊은 라부아지에에게 마리 안을 소개했다고 한다.

파울체는 새로 결혼한 딸 부부에게 과학 실험 도구를 선물로 주었다. 그러나 라부아지에가 받은 가장 큰 선물은 마리 안이었다. 그녀는 화학과 여러 언어를 공부하여 과학 논문을 번역했고, 데생을 공부하여 예술적 재능을 발전시켰다. 라부아지에가 쓴 《화학 원론》 2권에 실린 170종의 실험 도구를 상세히 묘사한 13장의 삽화는 마리 안이 그린 것이다. 그녀는 실험 계획을 만들고 관리하는 일도 했을 것으로 여겨진다.

1794년 라부아지에와 아버지 자크 폴즈가 세금 징수 회사를 운영했다는 죄목으로 혁명정부에 의해 처형당하고, 마리 안도 65일 동안 감옥에서 지내야 했다. 그 뒤 풀려난 마리 안은 라부아지에의 논문을 교정하고 출판하는 일을 감독했다.

14

f 궤도에 들어갈 수 있는 전자의 수

f 궤도는 두 개씩의 전자가 들어갈 수 있는 빈자리가 일곱 개여서 f 궤도에는 열네 개의 전자가 들어갈 수 있다.

고전적인 원자 모델은 태양계의 행성들이 태양 주위를 도는 것처럼 전자들이 원자핵 주위를 도는 것이었다. 그러나 전자들은 임의의 위치에서 원자핵 주위를 돌 수 있는 것이 아니라 원자핵 주위의 일정한 궤도 위에서만 원자핵 주위를 돌 수 있다. 그것은 태양계와는 근본적으로 다른 것이다. 행성들은 태양 주위를 원궤도나 타원궤도를 따라 돌고 있다. 하이젠베르크의 불확정성원리와 같은 양자역학의 원리들에 의하면 전자의 운동량과 위치(전자가 어디에 있는지, 그리고 어디로 가는지)를 정확하게 아는 것은 불가능하다. 알 수 있는 것은 특정한 위치에서 전자를 발견할 확률뿐이다. 전자가 있을 확률이 높은 영역을 궤도라고 한다. 궤도는 특정한 에너지를 가지는 전자가 원자핵 주위에서 발견될 확률이 큰 영역이다. 전자들은 다른 에너지를 가질 수 있다. 처음 네 에너지 껍질에는 열여섯 개의 궤도가 포함되어 있다.

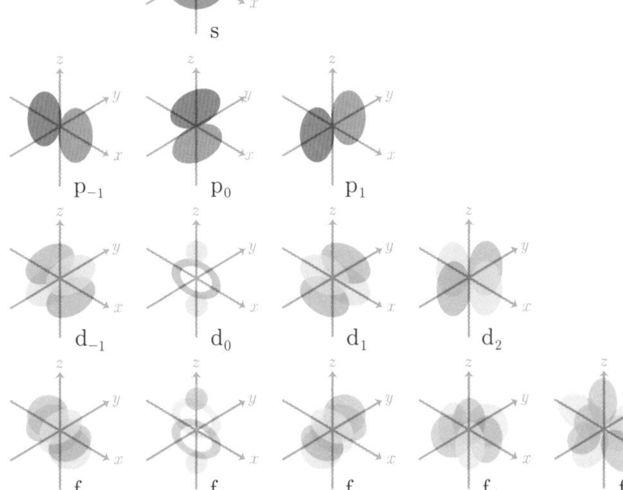

▼ 각 에너지준위의 이상하고 복잡한 모양을 보여주는 그림.

17

보스-아인슈타인 집적 상태에서의 빛의 속도(m/s)

빛의 속도에는 최곳값이 존재하지만 최젓값은 존재하지 않는다. 실험에 의하면 보스-아인슈타인 집적 상태라고 부르는 이상한 물질 상태에서는 빛의 속도가 느려지기도 하고, 심지어는 정지할 수도 있다.

1924년 알베르트 아인슈타인Albert Einstein과 인도 물리학자 사티엔드라 나스 보스Satyendra Nath Bose는 새로운 물질 상태를 제안했다. 그들은 이론적 분석을 통해 원자를 절대온도를 기준으로 수백만분의 1도까지 냉각하면 모든 원자들이 한 양자역학적 상태에 축적되어 한 가지 파동함수로 기술할 수 있는 하나의 초원자인 보스-아인슈타인 집적 상태(BEC)가 될 것임을 알아냈다. 하지만 1990년대까지는 보스-아인슈타인 집적 상태를 만들 수 있는 온도까지의 냉각이 가능하지 않았다.

1999년에 매사추세츠에 있는 케임브리지의 로랜드연구소에서 레네 하우Lene Hau와 그의 동료들은 지구 표면 대기압의 수백조분의 1밖에 안 되는 낮은 압력 상태를 이용하여 온도를 몇 나노켈빈(nK)까지 냉각해 나트륨 원자가 보스-아인슈타인 집적 상태에 도달할 때까지 느리게 움직일 수 있도록 했다. 그리고 레이저의 간섭현상을 이용해 진공 속에서 3억m/s인 빛의 속도를 2000만분의 1인 17m/s까지 늦추는 데 성공했다. 하버드 대학은 "이런 빛의 속도는 출퇴근 시간에 자동차가 도로를 달리는 속도인 60km/h 정도"라고 평가했다. 2년 뒤 하우의 연구팀은 빛을 정지시켰다가 다른 레이저 펄스를 이용해 다시 출발시키는 데 성공했다. 보스-아인슈타인 집적 상태 기술을 컴퓨터 칩, 양자 컴퓨터 기술에 적용할 수 있으면 광통신이나 빛을 이용한 정보 저장에 응용될 수 있을 것으로 보인다.

19

하나의 안정한 원자핵만 가지고 있는 원소의 수

자연 상태에서 발견되는 안정한 원자핵(동위원소)의 수가 하나뿐인 원소는 19가지가 있다. 이런 원소들의 원자량은 동위원소의 원자량을 가중 평균한 상대적 원자량과 같기 때문에 측정 과학에서 매우 중요하다.

대부분의 원소들은 두 가지 이상의 동위원소(원자핵에 포함된 양성자의 수는 같지만 중성자의 수는 달라 원자량이 다른)의 혼합물이다(69쪽 참조). 이 때문에 원자량을 정확히 결정하는 데 어려움이 많다. 자연에서 구한 시료들이 항상 원자량이 1이나 2 정도 다른 동위원소들을 포함하고 있기 때문이다. 그러나 자연에서 발견되는 원소들 중 19가지는 원자량을 매우 정확히 계산할 수 있었다.

이 19가지 원소는 베릴륨, 불소, 나트륨, 알루미늄, 인, 스칸듐, 요오드, 세슘, 프라세오디뮴, 테르븀, 홀뮴, 툴륨 그리고 금이다. 2003년까지는 20가지 원소가 이 목록에 포함되어 있었다. 그런데 비스무트가 자연에서 발견되는 하나의 동위원소를 가지고 있지만 이 동위원소가 아주 약한 방사성을 가지고 있는 불안정한 동위원소라는 것이 밝혀졌다. 비스무트의 반감기는 우주 나이의 10억 배나 되는 10^{19}년이다.

22

티타늄의 원자번호

주기율표에서 원자번호가 22번인 티타늄은 다양한 용도로 쓰이는 은백색 금속이다. 티타늄은 강철만큼 강하지만 45% 더 가볍고, 알루미늄보다는 두 배 더 강하고 60% 더 무겁다. 강도와 무게를 고려하면 티타늄은 다른 금속보다 경쟁력이 있다. 순수한 금속 상태의 티타늄은 부식에 매우 강해 4000년 이상 바닷물에 노출되어도 종잇장의 두께보다 더 깊이 부식되지 않는다. 따라서 선박이나 항공기에 많이 사용된다. 가격이 비싸지 않았다면 스페인의 빌바오에 있는 프랑크 게리가 설계한 구겐하임 미술관에서와 같이 피복재로도 널리 사용되었을 것이다.

티타늄은 약산과 전류를 이용해 간단하게 아름다운 무늬를 만들 수 있다. 티타늄은 반응성이 낮은 금속이지만 약산에서 전류를 흘리면 산화티타늄 층이 만들어진다.

산화티타늄 분말은 페인트에서 자외선 차단제에 이르기까지 다양한 용도의 흰색 염료로 사용된다. 티타늄을 포함하고 있는 제품의 95% 이상이 산화티타늄을 염료로 이용한 것이다. 산화티타늄은 빛에 투명하고, 두께는 가시광선 파장의 몇 배 정도다. 빛은 산화층을 통과한 후 아래 있는 금속에 의해 반사된다. 이런 빛은 산화층 표면에서 반사하는 빛과 간섭하여 무늬를 만든다. 이런 간섭효과로 인해 산화층의 두께에 따라 노란색에서 푸른색에 이르는 다양한 색깔의 무늬가 만들어진다.

22.4

기체 1몰의 부피(ℓ)

표준상태(STP)의 온도와 압력에서 이상기체 1몰의 부피는 22.4리터다. 이것은 모든 기체 1몰의 부피가 같다는 것을 의미한다.

기체 1몰의 부피와 같다는 사실을 발견한 것은 화학 역사에서 가장 중요한 발견 중 하나다. 이로써 화학자들이 관찰하는 화학반응을 정량적으로 다룰 수 있게 되었고, 원자론의 바탕을 다질 수 있었으며, 정확한 분자식을 결정할 수 있었다.

원자량의 수수께끼

19세기 초에 화학은 화학반응과 관련된 법칙을 정량적으로 나타내 완전한 과학의 모습을 갖추기 위한 커다란 발걸음을 내디뎠다. 라부아지에는 플로지스톤설을 폐기하고 원소의 윤곽을 밝혀냈으며, 존 돌턴이 제안한 원자론은 원소들의 상대적 원자량을 이용하여 화합물의 정확한 분자식을 찾아내는 방법을 제시하고 있었다. 이런 연구의 기반은 반응에 참가하는 물질의 무게를 비교하는 것이었다. 예를 들면 수소 1과 결합하는 산소, 황, 질소의 양이 각각 8, 16 그리고 5였다. 자연은 항상 가장 단순한 규칙을 따른다는 가정하에 돌턴은 화합물은 각 원소의 원자 하나씩이 결합한다고 가정했다. 따라서 물의 분자식은 HO이고 산소의 원자량은 8이라고 했다.

▲ 아메데오 아보가드로는 토리노에서 태어나 대학에서 철학과 법학을 공부한 뒤 법률가로 활동하다 독학으로 과학을 공부해 후에 토리노 대학의 교수가 되었다.

그러나 물의 실제 분자식은 H_2O이다. 그렇다면 산소의 원자량은 16이어야 하는 것이 아닐까? 반응 물질의 무게만을 비교해서는 어떤 것이 옳은지 알 수 없었다.

이 문제가 해결되지 않고는 화합물의 분자식을 결정할 수 없기 때문에 화학은 더 이상 발전할 수 없었다.

아보가드로의 가설

1811년에 이탈리아의 법률가 겸 과학자였던 아메데오 아보가드로Amedeo Avogadro가 〈물리학 저널Journal de Physique〉에 논문을 발표했다. 논문에서 그는 원자량을 알아내 분자식을 결정할 수 있는 방법을 제안했다. 그것은 무게가 아니라 부피를 측정하여 비교하는 방법이었다. 아보가드로는 2년 전에 발표된 조제프 게이뤼삭Joseph Gay-Lussac이 제안한 화학반응에서의 부피에 관한 법칙을 읽었다.

이 법칙에 의하면 기체가 반응하여 기체 생성물을 만드는 화학반응에서 반응과 관련된 기체의 부피들이 간단한 정수배를 이룬다. 예를 들면 두 부피의 수소 기체는 한 부피의 산소 기체와 반응하여 두 부피의 수증기를 만든다. 아보가드로는 모든 기체가 같은 온도와 압력에서 같은 부피 속에 같은 수의 분자를 포함하고 있다면 이를 설명할 수 있다는 것을 알아냈다(현대적인 의미로 보면 같은 부피 속에는 원자나 분자가 같은 수 들어 있다). 이를 아보가드로의 가설이라고 한다.

만약 아보가드로의 가설이 옳다면 물 분자 하나는 산소 반 분자로부터 만들어져야 한다. 그러나 돌턴이 원자는 분리할 수 없다고 했으므로 산소 분자는 두 개의 원자로 이루어져 있어야 했다. 다시 말해 산소는 이원자분자여야 하고 따라서 물의 분자식은 H_2O이고 산소의 원자량은 8이 아니라 16이어야 했다. 이로써 화학을 괴롭혔던 모든 문제가 해결되었다.

후에 표준상태에서 기체 1몰의 부피는 22.415리터라는 것이 밝혀졌다. 그러나 아보가드로의 혁명적인 가설은 50년 동안 받아들여지지 않았다.

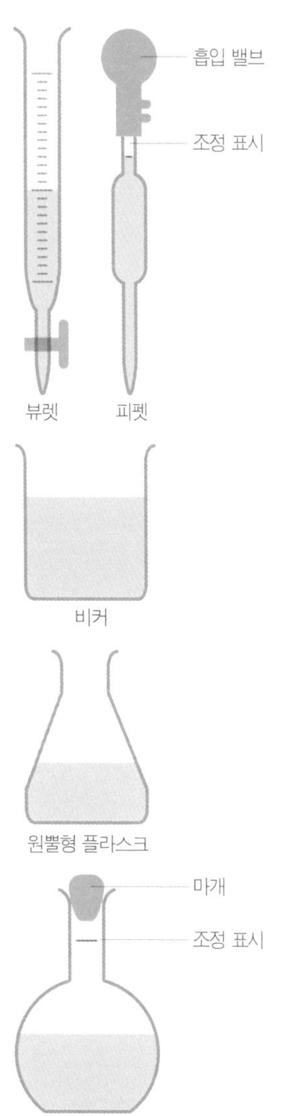

▲ 이 그림에서와 같이 같은 도구를 사용하는 부피 분석 방법이 무게 분석 방법의 한계를 극복할 수 있도록 했다.

22.59

오스뮴의 밀도(g/cm³)

밀도가 22.59g/cm³인 오스뮴은 자연에서 발견되는 원소 중에서 가장 밀도가 크다. 오스뮴이라는 이름은 1803년에 이 원소를 발견한 영국의 화학자 스미슨 테넌트Smithson Tennant가 붙였다. 그는 새로 발견된 금속이 나쁜 냄새를 풍긴다고 생각해 '냄새나는'이라는 뜻의 그리스어 '오스메osme'에서 따와 오스뮴이라고 불렀다. 오스뮴은 분말 상태에서 빠르게 산화하여 산화오스뮴(OsO_2)을 형성하는데 냄새는 이로 인한 것이었다. 산화오스뮴은 독성이 강해 접촉하는 섬유를 상하게 할 정도다.

오스뮴은 밀도가 큰 원소로 널리 알려져 있다. 납보다 두 배나 더 무거워 마모나 마찰로 인한 부식에 강하다. 따라서 마찰에 잘 견뎌내야 하는 녹음 재생용 바늘, 펜촉, 전기 접촉 부품처럼 작은 부품을 만드는 합금용으로 주로 사용된다.

밀도는 화학뿐만 아니라 다른 과학에서도 매우 중요하다. 이것은 주어진 부피 안에 얼마나 많은 물질이 들어 있는지를 나타낸다. 반듯한 모양을 하고 있는 경우 물체의 길이를 측정하여 구한 부피와 무게를 측정하여 알아낸 질량을 이용하여 쉽게 밀도를 계산해낼 수 있다. 그러나 모양이 복잡한 경우에는 부피를 알아내기가 쉽지 않다. 아르키메데스가 기원전 3세기에 물 안의 고체는 같은 부피의 물을 밀어낸다는 것을 알아내 모양이 복잡한 물체의 부피를 측정한 것은 유명한 이야기다. 당시 이 발견으로 아르키메데스는 왕관처럼 복잡한 형태의 물체의 밀도도 쉽게 결정할 수 있었다.

28

니켈의 원자번호

원자번호가 28인 니켈의 명칭은 도깨비를 뜻하는 독일어에서 유래했다. 기술자, 광산업자 그리고 다른 비학문적 직업을 가지고 있던 세계에서는 니켈 광석이 화학의 바탕을 이루고 있는 것으로 여겨지고 있었다.

니켈은 지각보다는 지구 내부에 더 많이 존재한다. '내부에 존재하던' 니켈의 많은 양이 지구 형성 초기에 있었던 거대한 소행성 충돌로 인해 지각으로 나오게 되었을 것이다. 오늘날 발견되는 금속 운석의 주요 성분 중 하나가 니켈이다. 오늘날 캐나다 온타리오에 있는 거대한 서드베리 광산에서 캐내는 니켈의 대부분은 고대 운석 충돌에 의한 것일 가능성이 크다. 니켈을 포함한 운석은 빛나는 광택을 가지고 있다. 그래서 고대에는 니켈을 함유한 운석이 숭배의 대상이 되기도 했다.

작센Saxony 지방에서는 니켈이라고 알려진 도깨비 또는 '악마'의 일종인 유령이 쿠페니켈kupfernickel(구리 악마)이라고 부르는 가짜 구리를 만든다고 생각했다. 1751년에 스웨덴의 화학자 악셀 크론스테트Axel Cronstedt는 쿠페니켈을 분석하여 단단한 흰 금속을 분리해냈다. 그는 색깔만 보아도 구리가 아니라는 것을 알 수 있었던 이 새로운 금속의 이름을 악마의 이름을 따서 니켈이라고 지었다. 마찬가지로 코발트의 명칭도 또 다른 가짜 구리 광석과 관련된 악마의 이름(독일어로 코볼트Kobolde)을 따라 지어졌다. 아그리콜라와 파라셀수스 시대 이후 르네상스의 연금술사들과 화학의 선구자들에게 광산에서 일하는 사람들은 새로운 원소 발견의 중요한 근원이었다.

▼ 순수한 니켈로 만든 육면체 옆에 있는 전기분해법으로 생산한 니켈 덩어리.

42.86

지각에 포함된 이산화규소의 양(%)

지각의 42.86%는 지구에 가장 풍부하게 존재하는 이산화규소로 이루어져 있다. 어디에서나 발견할 수 있는 암석이나 모래의 주성분인 이산화규소는 다이아몬드와 비슷한 커다란 공유결합을 하고 있는 화합물로, 매우 단단하고 녹는점이 높다. 또한 뛰어난 단열 물질이기도 하며 커다란 결정구조를 만든다. 이산화규소로 이루어진, 우윳빛을 내면서도 투명한 결정을 석영이라고 한다. 석영은 모양이나 색깔이 다양하며 자수정, 암석 결정, 마노, 홍옥수, 부싯돌, 벽옥, 얼룩 마노는 모두 석영의 일종이다.

모래라고 부르는 작은 알갱이 형태의 이산화규소가 우리에게는 가장 익숙하지만 해변에서 보는 모래는 순수한 규소 산화물이 아니라 여러 가지 다른 광물들이 섞인 혼합물이다. 모래 색깔이 다양한 것은 이 때문이다.

전 세계에 존재하는 모래알의 수를 추정하는 것은 아르키메데스 시절부터 시작되었다. 아르키메데스는 수학적 능력을 보여주기 위해 쓴 《모래알 계산자The Sand Reckoner》에서 우주를 채울 수 있는 모래알의 숫자를 나타내기 위해 새로운 수를 발명하기도 했다.

그가 추정한 모래알의 수는 10^{51}~10^{63} 사이였다. 지구 상에 존재하는 모래알의 수는 10^{24}으로 추정된다. 만약 지각에 존재하는 모든 이산화규소를 추출하여 모래로 만든다면 명왕성의 질량과 비슷한 1.187×10^{22}kg이 될 것이다.

45

휘발유의 에너지 밀도(MJ/kg)

45MJ/kg은 인류 문명에서 가장 중요한 숫자다. 이것은 휘발유 1kg에 포함된 에너지를 메가줄(MJ)의 단위로 나타낸 수다.

휘발유는 현대 문명을 가능하게 한 가장 중요한 에너지원으로, 자동차는 물론 선박이나 항공기, 트랙터, 가정용 발전기에 사용되는 엔진과 가정용 및 영업용 난방장치를 가동하는 데 사용된다. 2014년 전 세계 석유 사용량은 하루 940만 배럴로, 1년이면 대략 330억 배럴이며 이는 계속 증가하고 있다. 이 양은 휘발유를 비롯한 모든 석유제품을 합한 것이다. 휘발유는 많은 사람들의 일상생활에 큰 영향을 주는 가장 중요한 석유제품이다. 왜 휘발유가 그토록 중요하고 다양하게 사용되는 걸까? 그 대답은 45MJ/kg에 있다. 휘발유가 에너지원으로 널리 사용되는 것은 높은 에너지 밀도 때문이다. 에너지 밀도가 높아 오랫동안 사용할 연료를 가지고 다니는 것이 용이하고, 엔진이 생산하는 동력의 많은 부분을 연료를 나르는 데 사용하지 않아도 되기 때문이다.

알칼라인 AA 건전지의 무게는 25g이고 이 건전지에 저장된 에너지는 약 10kJ이다. 이 건전지와 같은 무게의 휘발유가 가지고 있는 에너지는 건전지에 저장된 에너지의 100배가 넘는 1125kJ이다. 휘발유의 에너지 밀도는 석탄의 에너지 밀도보다 50% 더 높을 뿐만 아니라 깨끗이 연소되고 다루기 쉽다. 또 많은 사람들의 예상과 달리 휘발유는 불이 잘 붙지 않는다. 불에 잘 타는 것은 휘발유 증기다. 따라서 적절히 취급한다면 높은 에너지 밀도에도 불구하고 휘발유를 안전하게 수송하고 분배할 수 있다.

50-50

'마취 기체'의 산화질소와 산소의 비율(%)

산화질소(웃음가스) 50%와 산소 50%를 섞어 만든 마취 기체는 아기를 낳을 때나 앰뷸런스에서 응급처치용 마취 및 진정제로 널리 사용된다. 이 기체의 발견은 화학의 역사에서 가장 중요하고 가장 흥미 있는 발견 중 하나였다.

산화질소는 상온에서 색깔과 냄새가 없다. 이 기체를 흡입했을 때의 효과를 나타내는 자세한 메커니즘에 대해서는 알려져 있지 않지만 이 기체도 아편을 이용한 진정제처럼 엔도르핀의 방출을 유도하거나 엔도르핀과 비슷한 작용을 할 것으로 추정된다. 그러나 이 기체는 중독성이 없다. 보통 환자 스스로 마스크나 튜브를 얼굴이나 입에 대고 이 기체를 흡입하기 때문에 지나치게 많은 양을 흡입할 가능성은 없다. 환자가 의식을 잃으면 질식이 일어나기 전에 흡입 장치를 떨어뜨려 공급을 차단하기 때문이다. 마취제로 사용하는 경우에도 적절하게 흡입하면 빨리 회복되고 부작용이 없어 안전하다.

마취 기체의 발견

마취 기체의 장점들은 영국의 위대한 화학자 험프리 데이비Humphry Davy가 젊었을 때 발견했다. 이 기체의 발견은 화학의 발전 과정의 특징을 잘 나타내는 것이었다.

영국 남서부의 콘월 지방 출신으로, 날카로운 지성과 열정 그리고 야망을 가진 데이비는 브리스틀에 있던 공기연구소 의학 감독관으로 임명되었다. 이 연구소는 박애주의자이자 괴짜라는 평가를 받고 있던 내과 의사 토머스 베도스Thomas Beddoes가 설립했다. 베도스는 최근에 발견된 '공기'가 가지고 있을지도 모르는 의학적 효능을 가난한 사람들을 위해 사용하는 데 큰 관심을 가지고 있었다. 데이비의 연구 주제 중 하나는 다양한 공기가 가지고 있는 의학적 효과를 평가하는 것으로 그는 자신을 이용해 많은 실험을 했다.

통증을 가라앉히는 능력

가장 큰 의학적 효과를 가진 공기는 1772년 조지프 프리스틀리가 발견한 산화질소였다. 프리스틀리는 이 기체를 '사라지는 질소 공기'라고 불렀다. 자주 이 공기를 마신 데이비는 공기가 주는 쾌감으로 인해 웃으면서 펄쩍펄쩍 뛰었다. 따라서 이 공기를 '웃음 기체'라고 부르게 되었다. 이 기체를 많이 흡입하면 심한 '환각' 상태에 빠지고 잠시 의식을 잃게 되지만 다른 부작용 없이 곧 깨어나자 데이비는 이 기체의 진통 효과에 대해서도 기록했다. 그가 남긴 실험실 노트에는 "산화질소의 강한 작용 다음에는 고통을 느낄 수 없다"라고 기록되어 있다. 그는 이 기체를 자신의 치통 치료에 사용하기도 했다. 1800년에 발표한 논문 〈산화질소와 관련된 화학적 철학적 연구〉에서 데이비는 "산화질소가 …… 물리적 통증을 없앤다는 것이 밝혀졌다. 이 기체는 수술하는 동안 사용할 수도 있을 것이다"라고 밝혔다.

이처럼 의학적 마취와 진통 효과를 발견했음에도 데이비는 의료용으로 개발하지는 않았다. 기체와 공기연구소에 대해 흥미를 잃고 런던으로 옮겨가 전기화학(122쪽 참조)을 연구하기 시작했기 때문이다.

미국의 치과 의사 호러스 웰스Horace Wells가 최초로 마취 상태에서 치과 치료를 한 것은 40년 후의 일이었다. 이후 수술용 마취제로 널리 사용되기 시작했지만 잘못 적용되면 산소 부족이 일어날 수 있어 산화질소보다는 에테르가 마취제로 더 널리 사용되었다.

▼ 마취 기체 흡입 장치. 산모가 스스로 마스크를 들고 흡입하기 때문에 필요에 따라 흡입량을 조절할 수 있다.

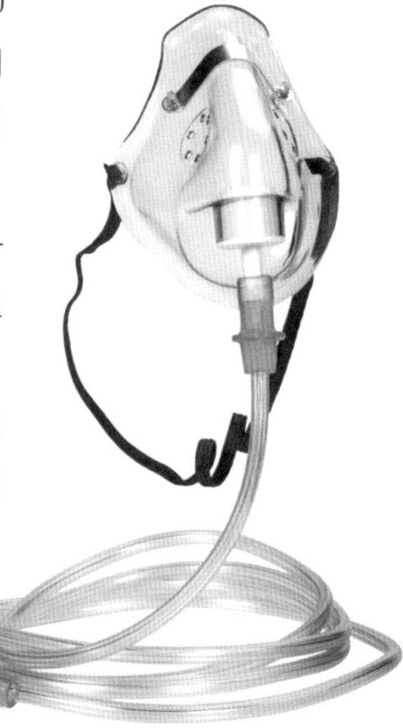

56

바륨의 원자번호

바륨의 원자번호는 56이다. 바륨은 반응성이 아주 강해 자연 상태에서는 순수한 금속 상태로 발견되지 않는다. 바륨의 황화물은 흥미로운 인광 성질이 있어 17세기 초 유럽에서는 신비한 물질로 취급됐다.

바륨은 주로 바라이트(황화바륨) 광석에 포함되어 있다. 바륨이라는 이름은 높은 밀도로 인해 '무겁다'는 뜻을 가진 그리스어에서 유래했다. 1600년경 이탈리아의 연금술사인 볼로냐의 빈센티누스 카시아롤로Vincenzo Casciarolo가 이 신비한 광석을 연구하여 인광 성질을 발견했다. 낮 동안 이 광석 덩어리를 숯불로 가열하면 밤에 여섯 시간 동안 붉은빛을 내는 인광 물질이 만들어졌다. 철학자의 돌을 발견했다고 생각한 카시아롤로는 기뻐했지만 곧 실망해야 했다. 그럼에도 바라이트는 볼로냐의 돌로 널리 알려지게 되었다. 철학자의 돌은 저급 금속을 귀금속인 금으로 바꾸는 능력을 지닌 전설적인 촉매였다.

1774년에 스웨덴 화학자 칼 셸레Carl Scheele은 바륨이 새로운 원소임을 밝혀냈다. 셸레는 바륨을 "이전에 알려졌던 토금속과는 다른 토금속"이라고 설명했지만 바륨을 분리해내지는 못했다. 황화바륨이 물에 녹지 않기 때문이었다. 1808년에 데이비가 최초로 용융된 바륨 염을 전기분해하여 순수한 바륨을 분리해내는 데 성공했다.

현재 황화바륨의 녹지 않는 성질과 엑스선이 통과하지 못하는 성질로 인해 방사선을 이용한 질병 진단에 널리 사용되고 있다. 또 황화바륨이 포함된 약물을 먹거나 관장 약을 주입하면 소화기관을 선명하게 볼 수 있다. 진단이 끝난 다음에는 황화바륨이 몸에서 완전히 배출된다.

60

헤니히 브란트가 인을 발견하기 위해 처리한 오줌 통 수

1669년 독일의 연금술사 헤니히 브란트Hennig Brand는 적은 양의 백린을 추출하기 위해 60통의 부패한 소변을 정제했다. 인은 발견자가 알려져 있는 최초의 원소로, 신비한 빛 때문에 많은 사람들의 관심을 끌었다.

현대 화학의 뿌리는 중세와 르네상스 시대의 연금술이다. 이런 사실은 인의 발견에서 특히 잘 나타난다. 인은 반응성이 큰 금속으로 백린, 적린, 흑린을 포함한 여러 가지 동소체를 가지고 있다. 백린은 희미한 초록빛을 내는데, 이로 인해 빛을 비추는 동안 빛을 흡수했다가 후에 다른 파장의 빛을 내는 현상을 인광이라 부르게 되었다. 그러나 백린이 내는 빛은 인광에 의한 것이 아니다. 백린이 빛을 내는 것은 고체에서 증발한 인이 산소와 결합하여 산화물을 형성하는 화학반응으로 빛을 내는 화학발광이다.

▲ '철학자의 돌을 찾고 있던 연금술사가 인을 발견하다(The Alchymist, in Search of the Philosopher's Stone, Discovers Phosphorus)'라는 제목이 붙은 더비의 조지프 라이트(Joseph Wright)가 그린, 브란트가 빛을 비추는 순간을 나타낸 그림.

숨겨진 금

이전의 많은 연금술사들처럼 브란트도 철학자의 돌을 찾고 있었다. 그는 연금술 전통에 여러 가지 비과학적인 신비한 원리를 도입한 파라셀수스의 제자였다. 파라셀수스가 도입한 원리 중 하나가 자연 세계에서 발견되는 '조짐'을 통해 신비한 성질이 나타난다는 조짐의 원리였다. 일부 광물이 가지고 있는 금 색깔이나 금과 유사한 모양을 한 식물처럼 초보자들도 쉽게 구별할 수 있는 특징들이 그런 조짐이었다. 그리고 배설물을 포함한, 인체가 가지고 있는 액체의 연금술적 가능성에 대한 오랜 믿음을 가지고 있었다(실제로 배설물에는 질소화합물처럼 화학적으로 반응성이 큰 물질이 많이 포함되어 있다). 따라서 브란트 역시 노란색을 띤 소변이 철학자의 돌을 만들 수 있는 열쇠가 될지도 모른다고 생각했다.

화학의 역사에서 가장 불쾌한 실험 중 하나였을 이 실험을 위해 브란트는 60통의 소변을 구해 부패할 때까지 지하실에 보관했다가 끓여서 연금술사들이 인염(인산수소암모늄나트륨)이라고 부른 죽 같은 상태를 만들었다. 이것을 모래(황화나트륨을 발생시키는), 숯(인이 탄소와 결합해 피로인산나트륨을 만들고 백린 찌꺼기를 남기는)과 함께 가열할 때 나오는 증기를 물에 통과시켜 농축시켰다.

성냥불

브란트는 매끄러운 빛이 나는 물질을 '빛을 가져오는'이라는 뜻의 그리스어를 따라 '인phosphorus'이라 부르고 이 물질을 만드는 방법을 비싼 값에 팔았다. 로버트 보일Robert Boyle은 스스로 이 방법을 알아내 백린을 만들고, '차가운 빛'이라는 뜻의 '녹틸루카noctiluca'라고 불렀다.

1770년대에 셸레는 뼈를 갈아 만든 분말로도 인을 만들 수 있다는 것을 보여주었다. 보일은 반응성이 큰 백린이 공기 중에서 저절로 발화할 수 있다는 것을 보여주어 백린은 기름 안에 저장해야 한다는 것을 알게 했다. 또한 보일은 성냥이 발견되기 150년 전에 백린을 성냥으로 사용할 수 있다는 것도 알아냈다. 현재 널리 사용되는 안전성냥에는 좀 더 안정한 형태인 적린이 주로 사용된다. 적린은 성냥을 그어 불을 만드는 띠에 발려 있다.

61

원자보다 작은 기본 입자의 수

입자물리학자들이 만든 표준 모델에는 더 이상 쪼갤 수 없는 61개의 기본 입자가 포함되어 있다. 이 중 일부가 결합하여 다른 입자들을 만든다.

원자보다 작은 입자들의 발견은 1897년에 있었던 전자의 발견으로 시작되었다. 그 후 양성자가 발견되었고, 1932년의 중성자 발견이 뒤따랐다. 하지만 그것은 시작에 불과했다. 1960년대에 입자물리학자들은 입자가속기나 충돌가속기를 이용하여 페르미온, 메손, 하드론, 바리온, 렙톤과 같은 이상한 이름을 가진 많은 입자들을 발견했다. 이렇게 해서 1960년대에는 발견된 입자의 수가 200개를 넘었다. 사람들은 이 입자들을 '입자 동물원'이라고 불렀다.

1970년대에 중력을 제외한 자연에 존재하는 기본적인 힘들과 입자들을 연결하는 표준 모델이 개발되었다. 많은 입자들이 좀 더 기본적인 입자인 쿼크로 이루어졌다는 것이 밝혀졌다. 현재 쿼크는 더 이상 쪼갤 수 없는 진정한 의미의 기본 입자로 여겨지고 있다. 다시 말해 쿼크가 물질을 이루고 있는 가장 작은 단위라는 것이다. 쿼크는 렙톤 입자들과 함께 페르미온이라고 불린다.

쿼크와 렙톤들은 모두 자신의 반입자들을 가지고 있다. 표준 모델에는 모두 24개의 페르미온이 있고 24개의 반입자들이 있다. 그리는 질량을 가지고 있지 않으면서 힘을 매개하는 작용을 하는 13개의 보존이 있다. 여기에는 최근에 발견된 힉스 보존도 포함된다. 따라서 표준 모델에 포함되어 있는 기본 입자의 총수는 61이다.

68 & 70

멘델레예프가 주기율표를 이용하여 예측한 원소의 원자량

러시아의 화학자 드미트리 멘델레예프Dmitri Mendeleev는 후에 갈륨과 게르마늄이라고 명명된 원소의 존재와, 두 원소의 원자량이 68과 70이라는 것도 예측했다. 현재 우리가 알고 있는 이 원소들의 정확한 원자량은 69.723과 72.63이다.

멘델레예프가 처음 만든 원소주기율표는 빈자리가 남아 있는 것과 알려진 원자량이 원자가 들어갈 자리에 맞지 않는 문제를 가지고 있었다. 과학의 기본 원리는 실험적 증거에 맞도록 이론을 수정해야 하며 그 반대로 하는 것은 금기로 여겨지고 있었다. 그런데 멘델레예프의 천재성과 용기가 이 금기를 깼다. 멘델레예프는 자신이 만든 주기율표에서 '순서가 잘못된' 것으로 보이는 경우에는 원자량이 잘못 계산되었고, 빈자리는 그 자리를 차지할 원소가 아직 발견되지 않았기 때문이라고 했다.

멘델레예프의 새로운 주기율표는 아직 발견되지 않은 원소들의 성질을 놀랍도록 정확히 예측했다. 예를 들어 멘델레예프는 알루미늄과 인듐이 포함된 열에 남아 있던 빈자리에 들어갈 원소의 원자량은 60이며 밀도는 6.0 g/cm^{3}이라고 예측했다.

1875년에 이 자리에 들어갈 원소인 갈륨이 발견되었다. 처음 측정한 갈륨의 밀도는 4.9 g/cm^{3}이었다. 멘델레예프는 밀도를 다시 측정할 것을 요구했다. 정밀한 측정을 통해 갈륨의 정확한 밀도는 5.9 g/cm^{3}이라는 것이 밝혀졌다.

74

관측 가능한 우주에 존재하는 수소의 양(%)

질량으로 보았을 때 관측 가능한 우주의 75%는 수소로 이루어졌고, 나머지 약 25%는 헬륨이다. 원자나 이온의 수로 보면 수소는 우주의 거의 100%를 차지하고 있다.

관측 가능한 우주에 존재하는 원자의 수는 대략 10^{80}개이고, 이 중 98%는 수소 원자이다. 관측 가능한 우주의 총질량은 약 7.4×10^{52}kg이고, 이 중 약 7.4×10^{51}kg은 수소이며 나머지는 헬륨이다. 즉 수소는 관측 가능한 우주에 존재하는 물질 대부분을 차지하고 있는 것이다.

왜 '관측 가능한'이라는 수식어를 계속 사용해야 할까?

은하 주변의 별들의 운동을 관찰해보면 별들에 중력을 작용하고 있는 물질이 앞에서 제시한 물질의 10배에 해당한다는 것을 알 수 있다. 그러나 이 물질을 관측할 수 있는 방법이 아직 없다. 따라서 이 물질은 암흑물질이라 부르고 있다. 암흑물질의 정체는 아직 밝혀지지 않았다. 그런데 이 중 일부가 수소일 가능성이 있다. 그런 경우에는 우주에 존재하는 수소의 양은 더 많아질 것이다.

우주에 존재하는 수소의 양, 특히 헬륨과 수소의 존재 비율은 우주 초기에 있었던 일들과 이 일들을 가장 설명하고 있는 빅뱅 이론의 중요한 증거가 되고 있다. 그 비율은 초기 우주의 팽창 속도의 산물이다. 따라서 우주학자들은 측정한 수소와 헬륨의 비율을 이용하여 빅뱅 후 얼마나 빠르게 '팽창'했는지, 그리고 얼마나 빠르게 식었는지를 계산하고 있다.

76

토리첼리가 발명한 압력계의 수은주 높이(cm)

수은은 상온에서 액체인 두 원소 중 하나로(다른 하나는 브롬이다) 물보다 밀도가 13.5배 높다. 따라서 1643년 에반젤리스타 토리첼리Evangelista Torricelli가 보여주었던 것처럼 압력계를 만들기에 가장 적당한 물질이다.

압력계는 기체의 압력을 측정하는 기구로, 기상학자들이 대기압을 측정하는 데 사용한다. 대기압은 기상 상태와 밀접한 관련이 있어 날씨 예보를 위해 꼭 필요하다. 또 압력계는 화학자들에게도 필수적인 장비다. 특히 공기나 기체를 다루는 화학 분야에서 압력계를 많이 사용한다. 압력의 SI 단위는 파스칼(Pa)이다. 그러나 분야에 따라 다양한 단위를 사용하고 있다. 가장 일반적으로 널리 사용되고 있는 단위 중 하나가 초기의 압력 측정 장치에서부터 사용되었고 지금도 혈압을 측정하는 데 널리 쓰이고 있는, 수은주의 높이를 이용한 것이다. 1643년에 압력이라는 개념이 등장하면서 수은이 압력의 변화를 나타내는 데 사용되었다. 현재는 전기적으로 작동하는 여러 가지 압력계가 쓰이지만 아직도 압력은 mm/cmHg로 나타내는 경우가 많다. 해수면에서의 표준 공기압은 보통 76cmHg로 나타낸다.

수은은 어떻게 압력과 관계를 맺게 되었을까? 이 질문의 답은 공학의 실용성과 관련된 과학이 학자의 집념에 얼마나 크게 의존하는지를 보여준다. 그리고 진공의 존재에 대한 논란이 어떻게 해결되었는지를 보여준다.

진공의 문제

진공은 물질이 없는 공간이다. 우주의 대부분은 거의 진공에 가깝다. 지구 상에서는 그런 상태가 자연적으로는 거의 만들어지지 않는다. 그러나 토리첼리가 보여준 것처럼 진공상태는 아주 쉽게 만들 수 있다. 고대 그리스 철학자들은 아무것도 존재하지 않는 진공의 개념을 자기모순적이라 생각하고 진공이 존재한다는 주장을 어리석은 생각이라고 여겼다. 아리스토텔레스의 철학을 사회적이고 종교적인 기본 원리로 받아들이고 있던 중세에는 1550년 캔터베리의 토머스 크랜머Thomas Cranmer 대주교가 기록해놓은 것처럼 '자연이 진공, 즉 아무런 물질도 있어서는 안 되는 빈 공간을 싫어한다'고 굳게 믿었다.

마노미터

압력계는 압력을 측정하기 위해 액체 기둥을 사용하는 마노미터라고 부르는 도구 중 하나다. 1661년 네덜란드의 과학자 크리스티안 하위헌스Christiaan Huygens는 토리첼리의 액체 기둥을 응용하여 U-자관 나노미터를 만들었다. 이 나노미터에서는 두 기둥의 높이 차이가 양쪽 관의 압력 차이를 나타냈다. 간단하면서도 매우 정밀한 측정이 가능했던 이 마노미터는 화학에서 기체의 압력을 측정하는 기본 도구가 되었다.

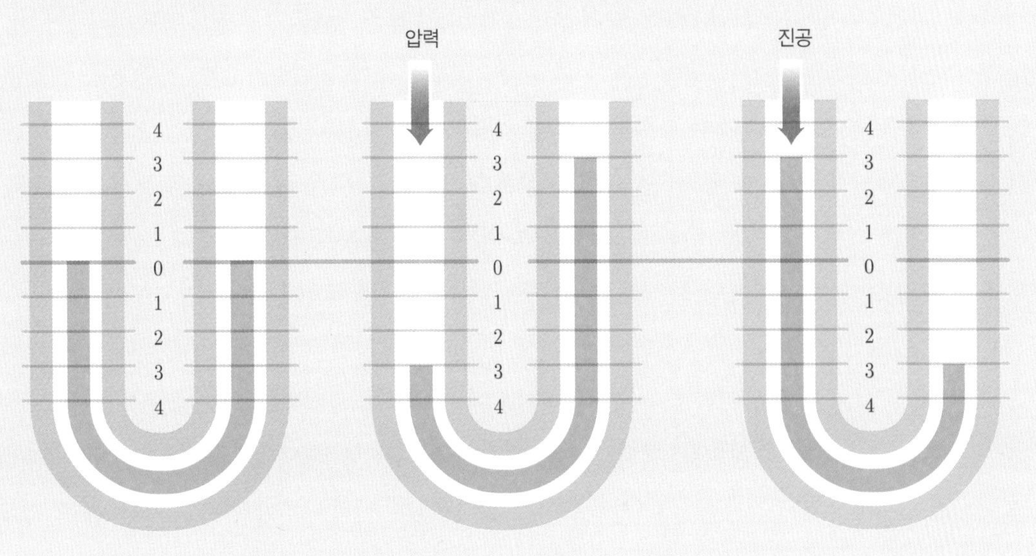

1641년에 토스카나의 엔지니어들이 노년의 갈릴레이에게 찾아와 자연이 진공을 싫어하는지를 증명하는 방법에 대해 도움을 요청했다. 광산에서 물을 퍼 올리는 펌프를 설계하던 엔지니어들은 펌프에 연결된 파이프의 길이가 10m를 넘으면 물을 퍼 올릴 수 없다는 것을 알고 있었다. 왜 이런 일이 일어날까? 그리고 펌프와 파이프 안에 들어 있는 물의 윗면에 있는 공간은 무엇일까? 갈릴레이는 자연은 진공을 싫어하지만 10m의 물기둥은 자연의 이러한 성질을 극복할 수 있다고 생각했다. 아무것도 없는 공간은 저주받은 진공이어야 했다.

최초의 압력계

갈릴레이는 사망 전 뛰어난 젊은이였던 토리첼리를 비서로 채용했고, 토리첼리는 펌프 문제에 대한 연구를 시작했다. 공기도 무게를 가지고 있다는, 널리 받아들여지던 지식을 바탕으로 토리첼리는 파이프 안의 물 무게가 공기보다 무거워 파이프 안의 물이 아래로 떨어졌다고 추정했다. 파이프 안의 물을 지탱하고 있었던 것은 펌프 아래 있는 물의 표면을 누르던 공기의 무게였던 것이다. 이를 증명하기 위해 토리첼리는 집에 10m 높이의 나무 관을 만들어 물을 채운 뒤 물 위에는 대기압에 따라 올라갔다 내려갔다 하는 작은 인형을 띄워놓았다.

토리첼리는 좀 더 작아서 다루기 쉬운 장치를 만들면 더 확실한 증명이 가능하다는 것을 알게 되었다. 수은이 물보다 13.5배 더 무겁다는 것을 알고 있던 그는 물 대신 수은을 사용하면 공기의 압력과 균형을 이루는 관의 높이가 13.5분의 1이면 될 것이라고 생각했다. 1644년 6월에 토리첼리는 친구에게 편지를 보냈다.

"우리는 많은 용기를 만들었다. ……길이가 2큐빗이나 되는 유리관과 함께. 이 유리관들은 수은으로 채워져 있다. 열려 있는 쪽을 손으로 막고 수은 안에서 거꾸로 세웠다. ……우리는 빈 공간이 만들어지는 것을 보았다. 이 빈 공간 안에서는 아무 일도 일어나지 않았다."

토리첼리는 또한 다음과 같은 기록을 남겼다.

"많은 사람들이 진공이 존재하지 않는다고 주장한다. 그리고 어떤 사람들은 자연이 싫어함에도 불구하고 아주 어렵게 진공이 만들어질 수 있다고 주장하고 있다(갈릴레이의 견해). 나는 자연의 저항 없이 쉽게 진공이 존재할 수 있다고 주장하는 사람은 아무도 없다는 것을 알고 있다."

토리첼리가 발명한 것은 압력계였다. 유리관 속 수은의 무게는 유리관 옆에 있는 수은 표면을 누르는 '80km 높이에 있는 공기의 무게'와 같았다. 토리첼리는 수은기둥의 높이가 76cm라는 것을 알아냈다. 이 높이는 대기의 압력 변화에 따라 조금씩 달라진다.

파스칼과 화산

1646년에 뛰어난 프랑스 수학자 겸 자연철학자였던 블레즈 파스칼Blaise Pascal도 토리첼리의 실험 소식을 들었다. 파스칼은 이전에 통에서 나온 긴 수직 관을 이용하여 유체압력에 대한 원리를 보여주었기 때문에 압력계의 작동 원리를 쉽게 이해할 수 있었다. 그는 뛰어난 통찰력으로 높이가 높아짐에 따라 대기압이 얼마나 낮아지는지를 측정하여 압력계를 고도 측정에 사용할 수 있음을 알아냈다. 1648년에 파스칼은 처남에게 수은압력계를 가지고 프랑스에 있는 사화산 위로 올라가게 하여 그의 생각을 증명해냈다.

78.37

에탄올의 끓는점(℃)

모든 사람들이 매일 화학과 관련된 활동을 하고 있다. 커피를 끓이거나, 끓는 물에 소금을 넣거나 심지어는 설거지를 할 때도 화학반응이나 화학과 관련된 현상을 마주하는 등 주로 부엌에서 그 활동이 이루어진다.

알코올의 발효나 증류는 화학과 관련된 활동 중 대표적인 것이다. 우리가 마시거나 요리에 사용하는 알코올의 증류는 알코올의 끓는점이 낮다는 것을 이용한다.

에탄올의 끓는점은 물의 끓는점보다 상당히 낮은 78.37℃다. 요리할 때 '알코올을 날려 보낼 수 있는 것'은 알코올의 끓는점이 물의 끓는점보다 낮기 때문이다. 조리할 때 음식물에 포도주나 맥주를 첨가한 후 에탄올은 증발시키고 풍미만 남기면 운전자나 어린이 그리고 술을 마시지 않는 사람들에게 안전한 요리를 만들 수 있다.

그러나 미국 농무부, 아이다호 대학 그리고 워싱턴 주립대학이 1992년 수행한 연구 결과에 의하면, 요리할 때 알코올이 모두 날아간다는 것은 사실이 아니다. 다양한 방법으로 조리한 요리들의 남아 있는 알코올을 조사하자 30분 이상 계속 저으면서 끓이지 않으면 45~80%의 알코올이 요리에 남아 있다는 것을 알아냈다. 두 시간 이상 저으면서 끓인 경우에는 남아 있는 알코올의 양이 5%로 줄었다. 그러나 모든 알코올을 날려 보내는 일은 불가능했다. 알코올이 물과 결합하여 공비혼합물을 만들기 때문이다. 공비혼합물은 단순한 증류를 통해서는 비율을 변화시킬 수 없는 두 가지 화합물 이상의 혼합물이다. 따라서 모든 액체를 증발시키기 전에는 항상 알코올이 일부 남아 있다.

79

금의 원자번호

금은 원자번호가 79인 원소로 인류에게 가장 오랫동안 알려져 있던 금속 중 하나이며, 반응성이 약해 자연에서 순수한 금속 상태로 발견된다. 또 아름다운 광택과 높은 밀도 그리고 부식이나 변색에 강해 오래전부터 귀금속으로 취급되었다. 고고학적 증거에 의하면, 정교한 금장식은 적어도 기원전 5000년부터 사용되었다. 초기에는 강가에서 주로 발견되는 사금에서 금을 채취했을 것으로 보인다. 그리고 기원전 2000년경 고대 이집트인들은 순수한 상태의 금이 발견되는 금광에서 금을 캐기 시작했다. 금은 은, 석영, 방해석과 함께 발견되기도 한다. 금은 바닷물에도 포함되어 있지만 바닷물 1톤에 포함되어 있는 금의 양은 약 1mg 정도로 매우 적다. 때문에 아직까지는 아무도 바닷물에서 금을 추출해내는 경제적인 방법을 발견하지 못했다. 하버법으로 유명한 프리츠 하버가 바닷물에서 금을 추출하려고 시도했던 것은 널리 알려진 이야기이다(10쪽 참조).

놀라울 정도로 길고 믿을 수 없을 정도로 얇다

세계에 존재하는 금의 대부분은 현금 지급용으로 보관하거나 보석으로 가공되어 사용되고 있다. 금으로 정교하게 세공된 보석을 만들기는 쉽다. 금은 모든 금속 중에서 가장 잘 늘어나고, 가장 가공하기가 쉽기 때문이다. 금으로 가느다란 실도 만들 수 있다. 1g의 금으로 굵기가 1μm이고 길이가 66km인 실을 만들 수도 있다. 따라서 세계를 한 바퀴 도는 실을 만드는 데 0.6kg의 금만 있으면 된다.

또한 금으로 아주 얇은 판도 만들 수 있다. 1온스의 금으로 5m² 넓이의 금판을 만들 수 있는데, 금으로 만든 얇은 판의 두께는 머리카락의 굵기보다 400배나 얇은 0.000127mm다.

세계의 모든 금

금의 높은 인기에도 불구하고, 보석으로 사용하는 금과 현금 지급용으로 저장되어 있는 금을 포함해 지금까지 생산된 전체 금의 양은 놀라울 정도로 적다. 한 통계에 따르면 지금까지 제련된 모든 금을 합해도 20m³밖에 안 된다. 또 다른 통계에 의하면, 지금까지 생산된 모든 금의 양은 올림픽 수영장 2개 반을 채울 수 있는 정도다.

2102년 초까지 지구에서 캐낸 금의 총량은 약 17만 톤 정도이며, 현재는 매년 약 2500톤의 금이 채광되고 있다. 그리고 지구에서 채취된 모든 금의 3분의 2는 1950년 이후에 캐낸 것이다.

이와 비교하면 잉카의 마지막 황제였던 아타우알파Atahualpa가 피사로를 비롯한 잉카 정복자들에게 제공한 금은 놀라울 정도로 엄청난 양이었다. 그는 자신이 갇혀 있던 창고를 그가 손을 들어 닿을 수 있는 높이까지 채울 수 있는 금을 몸값으로 제공했다. 창고의 가로와 세로, 높이는 각각 6.7m와 5.2m, 2.4m였다. 따라서 몸값으로 제공된 금의 양은 1630톤에 달했다. 이 정도의 금은 인류 역사를 통해 당시까지 제련된 모든 금의 상당 부분을 차지하는 양이었다. 정복자들은 아타우알파의 보석을 빼앗은 다음 그를 살해했다.

▼ 금괴. 2011년에 실시된 미국 지질학 조사에 의하면 제련된 금의 37%는 금괴나 다른 투자용으로, 약 50%는 보석으로 사용되고 있다.

84

이보다 큰 원자번호는 모두 방사성원소

원자번호가 84보다 큰 원소들은 모두 방사성원소들이다(81번부터 방사선 원소이지만 불안정 방사선 원소는 84번부터이다). 원자번호가 84보다 큰 원소들의 원자핵은 모두 불안정하기 때문이다. '원자핵 안정성 벨트'는 83번 비스무트에서 끝난다. 비스무트는 우주의 나이 안에서 안정하다(74쪽 참조). 자연에서 발견되는 핵종 중에는 안정한 핵종이 266개이고, 방사성 핵종이 65개이다. 핵종은 특정한 수의 양성자와 중성자를 가지고 있는 원자핵을 말한다. 대부분의 원소들이 하나 이상의 동위원소를 가지고 있다(69쪽 참조). 핵종의 수가 원소의 수보다 많은 것은 이 때문이다. 그렇다면 왜 어떤 원자핵은 안정하고, 어떤 원자핵은 안정하지 않을까?

원자핵의 안정성은 양성자(Z)와 중성자(N) 수의 비와 원자핵의 크기(A)에 의해 결정된다. 핵자(양성자와 중성자)들은 핵력으로 결합되어 있다. 핵자의 수가 많으면 결합력이 더 강하다. 그러나 (+)전하를 가지고 있는 양성자들 사이에는 서로 밀어내는 전기적 반발력이 작용한다. 따라서 원자핵에 양성자가 많아지면 원자핵을 분열시키려는 반발력도 강해진다. 때문에 이러한 반발력에 대항하기 위해 더 많은 중성자를 필요로 한다. 원자핵 안에 더 많은 양성자가 있으면 더 많은 중성자를 필요로 한다. 그러나 중성자가 너무 많아도 아직 명확하게 이해되지 않은 이유로 원자핵이 불안정해진다. 이런 요소들 때문에 양성자 수와 중성자 수를 두 축으로 하는 그래프를 이용하여 원자핵을 나타내면 안정 벨트라는 영역에 원자핵들이 분포하게 된다.

90

상온에서 이산화탄소가 물에 녹는 용해도(cm³/100mℓ)

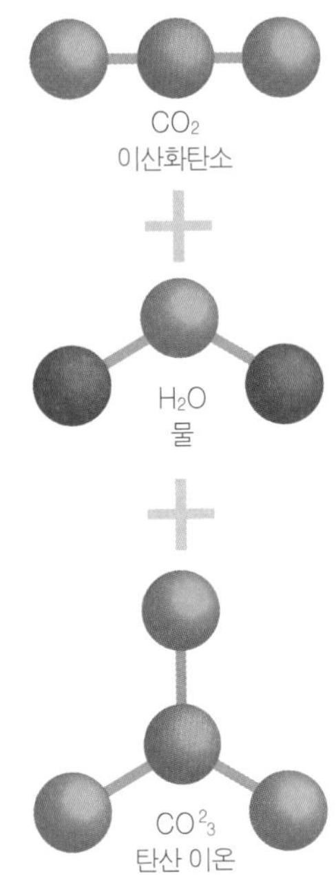

표준 온도와 압력에서 이산화탄소가 물에 녹는 용해도는 대략 90㎤/100㎖다. 이산화탄소가 물에 녹는 용해도가 온도에 따라 어떻게 변하는지는 지구 생태계에서 매우 중요하며, 지구 기후에 많은 영향을 준다. 이산화탄소는 물에 녹아 이산화탄소 수용액을 만들지만 그 농도는 매우 낮다. 이산화탄소는 물과 반응하여 탄산을 만들기도 한다. 탄산은 약산으로 분해되어 중탄산 이온과 양성자를 방출한다. 이 때문에 물의 산성이 높아져 pH가 내려간다.

$$CO_2 + H_2O \rightarrow H_2CO_3 \rightarrow H^+ + HCO_3^-$$

그러나 바닷물에서는 양성자가 탄산염 이온(CO_3^{-2})과 반응하여 더 많은 중탄산염을 만든다. 전체적으로 바닷물에 한 분자의 CO_2가 첨가되면 하나의 탄산염 이온이 두 개의 중탄산 이온으로 바뀐다.

$$CO_2 + H_2O + CO_3^{-2} \leftrightarrow 2HCO_3^-$$

이 반응은 여러 가지 결과를 가져온다. 탄산 이온은 바닷물 안에 포함된 칼슘이나 마그네슘 이온과 반응하여 물에 녹지 않는 탄산염을 만들어 석출시킨다. 이로 인해 대규모의 석회암($CaCo_3$)과 백운암($CaCo_3$와 $MgCO_3$가 섞인) 퇴적층이 만들어진다. 탄산 이온은 산호나 해양 플랑크톤, 조개류와 같이 껍데기를 만드는 해양 생명체에게도 매우 중요하다. 물에 더 많은 CO_2가 녹아 있으면 껍데기를 만드는 데 사용되는 탄산염이 적어진다.

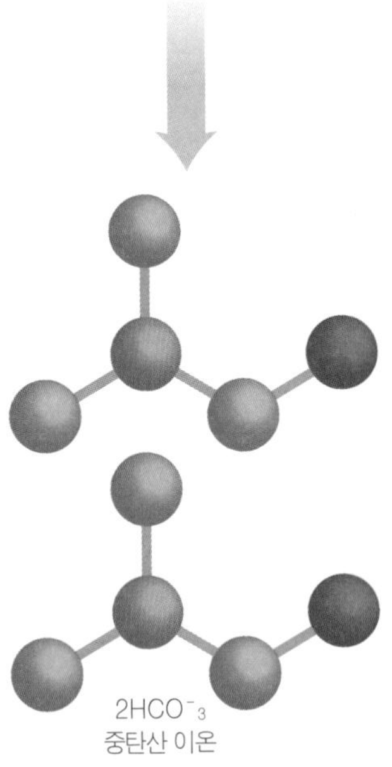

▲ 바닷물에 녹아 있는 이산화탄소가 탄산염 이온과 반응하여 중탄산 이온을 만들어내는 과정의 반응식이 간단한 분자 그림과 함께 나타나 있다.

바다의 산성화

CO_2가 물에 녹았을 때 발생하는 또 다른 현상은 탄산으로 인해 물이 산성화된다는 것이다. 사람들의 활동으로 공기 중에 포함된 이산화탄소의 양이 증가하면 더 많은 이산화탄소가 바다에 녹아들게 되고 바다 표층수를 산성화시켜 pH를 낮춘다. 18세기 후반에 시작된 산업혁명 이후 바다 표층수의 pH는 0.1 낮아졌다. 이는 산성도가 약 30% 증가했음을 의미한다. 만약 현재의 비율대로 탄소 배출량이 계속 증가한다면 2100년에는 바다 표층수의 산성도는 150% 높아질 것으로 추정된다. 이런 pH는 2000만 년 이래 없었던 일이다.

이 정도의 바다 산성화는 바다 생명체와 바다 생태계에 큰 영향을 줄 것이다. 바다의 먹이사슬에서 핵심 역할을 하는 생명체의 껍질이 녹기 때문에 먹이사슬 전체가 큰 타격을 입을 것이다. 예를 들면 바다 나비라고도 불리는 익족류는 동물플랑크톤으로 새우에서 고래에 이르기까지 다양한 해양 동물의 먹이가 된다. 여기에는 사람들이 좋아하는 북태평양의 연어도 포함된다. 지금과 같이 탄소 배출량이 계속 증가한다면 2100년의 바다에서는 높은 산성 때문에 익족류의 껍질이 완전히 녹아버릴 것이다. 산성화는 이미 산호초 형성에 영향을 주고 있다. 미국 서부 해안에서 굴의 생산량이 감소하고 있는 것도 산성화의 결과로 추정된다.

▼ 익족류를 확대한 그림을 보면 왜 바다 나비라고 하는지 알 수 있을 것이다.

온난화 고리

이산화탄소의 용해도는 온도가 올라가면 낮아진다. 이것은 온실효과에 의한 지구온난화를 더욱 가속시킬 것이다. 이산화탄소의 함유량이 많아지면 지구 온도가 올라가 바다의 온도도 올라가고, 따라서 바다는 더 적은 양의 이산화탄소를 흡수하거나 오히려 방출하기 시작할 것이다. 이렇게 되면 온실효과가 더 크게 일어나 지구의 온도는 더 높아질 것이다.

98

자연에 존재하는 원소의 수

현재 주기율표에는 118개의 원소들이 포함되어 있지만(104쪽 참조), 이 중 98종의 원소들만 지구의 자연에서 발견된다. 이 숫자는 그동안 계속 수정되어왔다.

오랫동안 자연에서 발견되는 원소의 수는 91개로 알려져 있었다. 원자번호 43번인 테크네튬을 제외한 92번 우라늄까지의 모든 원소들이 자연에서 발견된다고 알려져 있었기 때문이다. 일부 원소들이 자연에서 발견되지 않는 이유는 커다란 원자핵을 가진 원소들은 불안정한 방사성원소들이어서 붕괴하여 모두 다른 원소로 바뀌었기 때문이다.

우라늄 다음에 오는 넵투늄을 예로 들어보자. 넵투늄의 가장 안정한 동위원소 넵투늄-237은 알파입자를 방출하는 알파붕괴를 하고 악티늄으로 변한다. 넵투늄의 반감기는 214만 4000년이다. 이는 매우 긴 것 같지만 지구의 나이에 비하면 아주 짧다. 따라서 45억 년 전 지구가 형성될 때 지구에 포함되어 있던 넵투늄은 모두 붕괴되어 악티늄이 되었다. 많은 방사성원소가 그와 같지만 모든 방사성원소가 그런 것도 아니다. 우라늄, 토륨, 악티늄, 프로트악티늄을 비롯한 많은 방사성원소들은 지구에서 자연적으로 존재한다. 우라늄의 원자핵 분열을 원자력발전이나 원자폭탄 등에 이용하는 것에서 알 수 있는 것처럼 우라늄은 불안정안 방사성원소다. 그런데 어떻게 우라늄과 다른 방사성원소들이 자연에 존재할 수 있을까?

그 이유는 우라늄과 다른 방사성원소들이 아주 긴 반감기를 가지고 있기 때문이다. 우라늄-238의 반감기는 지구의 나이와 같은 45억 년이다. 따라서 지구가 형성될 때 있던 우라늄의 반은 아직도 그대로 남아 있다. 핵분열에 이용하는 우라늄-235의 반감기는 7억 년이다. 따라서 지구가 형성될 때 존재했던 우라늄-235의 98%는 붕괴되었음에도 불구하고 아직도 핵분열반응에 사용할 양이 충분히 남아 있다. 이와 같이 지구가 형성될 때부터 있던 원소들을 원시 원소라고 한다.

많은 것을 포함하고 있는 피치블렌드

현재 우리는 자연에서 발견되는 원소가 98개라고 알고 있다. 이전에는 실험실에서 인공적으로 만든 원소만 있는 것으로 알려졌던 원소들이 자연에서 발견되었기 때문이다. 1971년에는 선캄브리아기에 형성된 바스트나사이트 암석에서 플루토늄-244를 분리해냈다는 주장이 있었다. 현재 이 발견은 의심받고 있지만 플루토늄, 테크네튬, 아메리슘, 퀴륨, 버클륨 그리고 캘리포늄은 아주 소량이지만 우라늄 광석인 피치블렌드 안에 포함되어 있는 것으로 알려졌다.

마리 퀴리는 힘들고 고통스러운 과정을 통해 피치블렌드를 정제하여 라듐을 발견했다(40쪽 참조). 피치블렌드에 많은 방사성원소들이 포함되어 있는 것은 우라늄이 붕괴하여 생성된 입자들이 우라늄 원자핵과 반응하여 반감기가 짧은 방사성원소들을 만들어내기 때문이다. 이런 원소들은 빠르게 붕괴하지만 계속 다시 만들어진다.

주연배우들

여러 가지 방사성원소들이 자연에 존재하지만 이 원소들의 양은 아주 적다. 실제로 자연에서 상당한 양이 발견되는 원소는 83가지이고, 이 중 지구를 구성하는 원소의 1% 이상을 차지하는 원소는 여덟 가지이다. 이를 많은 순서대로 나열하면 철, 산소, 규소, 마그네슘, 니켈, 황, 칼슘 그리고 알루미늄이다. 가장 많이 존재하는 네 개의 원소가 지구 질량의 93%를 차지하고 있다.

104 & 105

트랜스페르뮴 전쟁의 원인이 된 원소의 원자번호

인공적으로 합성한 104번 원소와 105번 원소는 현재 러더포듐과 더브늄이라고 부른다. 그러나 이 원소들의 명칭이 미국과 소련 사이에서 격렬한 논쟁의 원인이 된 적이 있었다. 초우라늄 원소들은 모두 충돌가속기 안에서 원자핵과 중성자를 충돌시켜 만들었다. 이렇게 만든 원소들은 반감기가 매우 짧아 그 존재를 겨우 확인할 수 있을 뿐이었다. 이런 원소들의 이름은 발견자가 추천하는 것이 관례였다. 그러나 공식적으로 이름을 결정하는 곳은 국제순수 및 응용화학연합(IUPAC)이다.

원자번호가 100번인 페르뮴까지의 초우라늄 원소 이름은 IUPAC에서 별문제 없이 승인되었다. 그러나 페르뮴 다음으로 발견된 원자번호 104번과 105번은 러시아의 원자핵합동연구소(JINR)와 미국 로런스 버클리 국립연구소(LBNL)에서 독립적으로 발견했다. 두 연구팀은 서로 받아들일 수 없는 명칭을 제안했다. 104번 원소의 이름을 소련 원자폭탄의 아버지 이고르 쿠르차토프 Igor Kurchatov의 이름을 따서 명명하자고 제안한 러시아의 제안을 미국 측에서는 받아들일 수 없었다. 이 원소들의 이름을 두고 미국과 소련 연구팀 사이에 벌어진 논쟁을 트랜스페르뮴 전쟁이라고 한다.

결국 1997년에 IUPAC가 104번 원소의 이름은 미국의 제안을 받아들여 러더포듐, 105번 원소의 이름은 소련 연구팀이 있던 도시의 이름을 따 더브늄으로 결정함으로써 이 전쟁은 끝이 났다.

104.5

물 분자에서 H-O-H 결합 각도(°)

분자에서 원자들 사이의 결합 각도는 분자를 구성하는 원자들의 전자구름이 어떻게 분포하느냐에 따라 결정된다. 전기적인 반발력으로 인해 각각의 전자구름은 가능한 한 멀리 떨어진 곳에 위치하려고 한다. 따라서 가운데 있는 원자 주위에 네 개의 전자구름이 있는 메테인 분자(CH_4)에서는 전자구름이 사면체 모양으로 배치되어 있어 H-O-H의 각도는 109.5도다.

물 분자의 경우에도 산소는 네 개의 전자구름을 가지고 있다. 두 전자구름은 수소-산소 결합을 하며 전자쌍을 공유하고 있다. 따라서 물 분자도 네 개의 결합으로 이루어진 사면체 구조를 가지고, H-O-H의 결합각은 109.5도여야 한다. 그러나 네 개의 전자구름이 모두 같은 것은 아니다. 두 전자쌍은 전기음성도가 매우 강해 서로 밀어내기 때문에 이들 사이의 각도는 109.5도보다 크다. 그리고 이것이 H-O 결합을 '밀착시켜' 이들 사이의 각도는 104.5도가 된다. 따라서 분자는 한쪽으로 쏠린 구조를 가지면서 극성을 띠게 된다. 산소가 있는 쪽은 (−)전하를, 수소가 있는 쪽은 (+)전하를 띠게 된다.

이러한 극성으로 인해 물 분자는 수소결합을 하여 안정한 구조를 만들 수 있다. 수소결합에서는 두 물 분자의 산소 원자 사이에 수소 원자가 들어가 두 분자를 연결시켜준다. 수소결합은 물의 여러 가지 특수한 성질을 만들어내는 원인이다. 물의 이러한 성질은 지구 생명체에게 많은 영향을 준다.

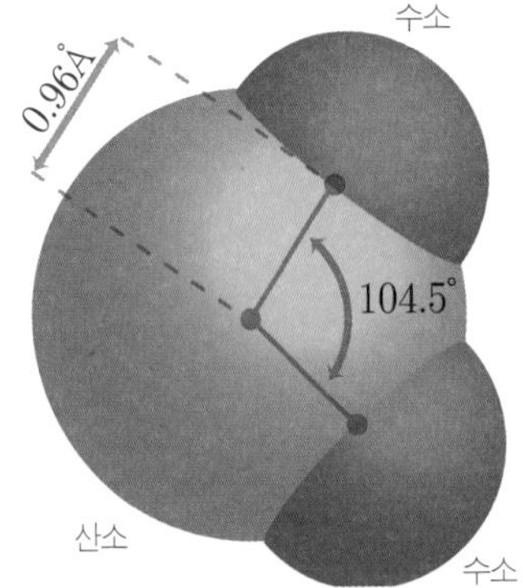

▲ 원자핵들 사이를 직선으로 연결하여 원자핵들 사이의 거리와 각도를 보여주는 물 분자 모형도.

118

인공원소 중에서 가장 큰 오가네손의 원자번호

118은 인공적으로 만든 원소들 중에서 가장 무거운 원소가 가지고 있는 양성자의 수다. 동위원소가 한 가지만 알려져 있는 이 원소의 원자량은 294다. 반감기가 수 밀리초(ms)에 불과한 이 원소의 원자는 단지 몇 개만 관측됐을 뿐이다.

입자물리학자들은 큰 에너지를 가지고 있는 무거운 원자핵을 더 무거운 원자핵에 충돌시켜 새로운 원소를 만들어낸다. 예를 들면 2002년에 오가네손을 처음 만들어낸 두브나의 JIMR(102쪽 참조)의 러시아 과학자들은 칼슘 이온을 인공 합성 원소인 캘리포늄에 1000시간 넘게 충돌시켜 새로운 원소의 원자 하나를 만들어냈다.

오가네손은 118번째 원소를 가리키는 이름이다. IUPAC(102쪽 참조)에서는 우눈옥튬이라는 임시 명칭을 부여했다가 2016년 정식 이름과 기호가 부여되었다.

1999년 LBNL(102쪽 참조)의 연구원들이 발표한 논문에 최초로 이 원소를 만들었다는 주장이 실려 있지만 재현에 실패하면서 다음 해에 철회되었다. 그리고 2002년 이들의 주장은 조작된 자료를 근거로 한 것이 밝혀졌다. 같은 해에 러시아 연구팀이 오가네손 원소를 만들었고, 2006년에 미국 로런스 리버모어 국립연구소의 확인을 거쳐 공식 발표됐다.

126

'안정성의 섬'의 원자번호

'안정성의 섬'은 지금까지 알려진 가장 무거운 원소보다 더 큰 원소가 차지하고 있을 주기율표의 영역을 말하며, 원자번호 126번 주변이 여기에 해당될 것으로 보고 있다.

포함하고 있는 양성자의 수가 늘어나면 원자핵의 안정성은 줄어든다. 양성자 수의 증가로 인한 불안정성은 중성자 수의 증가를 통해 상쇄될 수 있지만 일반적으로 원자핵은 크기가 커지면 빠르게 불안정해진다. 한 이론에 의하면, 원자핵 안에 들어 있는 핵자들은 전자들과 비슷한 에너지 껍질구조를 가지고 있다. 그리고 전자처럼 채워진 에너지 껍질구조를 가지면 안정해진다. 이런 요소들을 종합하여 안정한 원자핵을 만드는 양성자와 중성자 수를 나타내는 '마법의 수'가 알려져 있다. 가장 무거운 안정한 원소는 납-208이다. 이 원자핵의 양성자와 중성자의 수는 모두 마법의 수에 해당한다. 따라서 이 원소를 '이중 마법 원소'라고 부른다.

원자핵물리학자들은 이중으로 마법의 수를 가지고 있는 무거운 원소는 원자핵이 커지면서 증가하는 불안정성을 극복하고 긴 반감기를 가지는 안정한 원자핵이 있을 것이라고 믿고 있다. 양성자와 중성자의 수를 나타내는 그래프에서 이런 원소들은 불안정성의 바다 한가운데서 '안정성의 섬'을 이루고 있을 것이다.

양성자 수는 126이고 중성자 수는 184인 이 원소는 운비헥슘-310일 것이다. 만약 아주 강력한 입자가속기를 이용하여 합성하면 이중 안정성으로 인해 반감기가 며칠 내지는 몇 년이 될 것이다. 이런 원소는 중성자를 발생시키는 원소로 사용될 수 있을 것이다.

▼ JINR의 유리 오가네시안(Yuri Oganessian)은 원자번호 164번 주위에 두 번째 안정성의 섬이 존재할 것이라고 제안했다.

140

요리할 때 마이야르 반응이 일어나기 시작하는 온도(℃)

대부분의 조리 과정에서 충분한 수준의 마이야르 반응이 일어나기 시작하는 온도는 140~150℃다.

마이야르 반응은 음식을 조리할 때마다 일어나기 때문에 우리 생활과 밀접한 관계를 가지고 있는 화학반응이다. 1912년에 발견자인 프랑스의 생화학자 루이 카미유 마이야르Louis Camille Maillard의 이름을 딴 이 반응은 당과 단백질을 구성하고 있는 아미노산이 결합하는 반응이다. 마이야르 반응은 낮은 온도에서도 일어나지만(사람 몸 안에서도 일어난다), 조리에 이용할 수 있을 정도로 활발하게 반응이 일어나기 시작하는 온도는 140℃다.

맛의 창조자

일반적으로는 '갈변 반응'이라고 알려져 있지만, 여러 반응을 포함하고 있는 마이야르 반응은 '풍미 반응'이라고 부르는 것이 더 적절할 것이다. 비스킷과 팝콘, 간장이나 볶은 커피, 구운 고기에 이르기까지 다양한 음식물의 색깔, 맛, 냄새의 원인이 되는 마이야르 반응에서는 아미노산이 당과 결합하여 물과 글리코실아민glycosylamine이라고 부르는 불안정한 중간물질을 만들어낸다. 글리코실아민은 재배열되어 여러 가지 아미노케토스 화합물을 만들고, 이것은 다시 여러 반응을 통해 향기나 맛을 내는 분자와 짙은 색깔을 내는 염료를 포함한 수백 가지 다른 물질을 만든다. 예를 들어 생성물 중 하나인 6-아세틸-1, 2, 3, 4-테트라하이드로피리딘은 빵이나 팝콘, 옥수수빵과 같

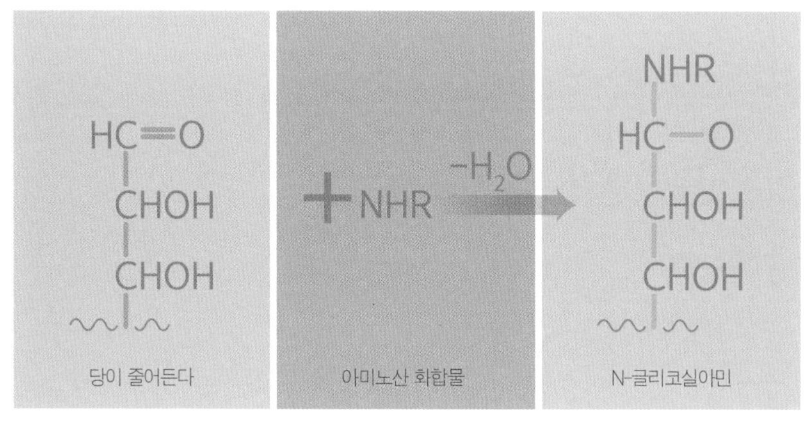

◀ 마이야르 반응의 초기 단계를 보여주는 전형적인 예. 당이 아미노산(NHR)과 반응하여 물을 방출하고 글리코실아민을 만들어낸다.

은 구운 음식물이 비스킷이나 크래커 같은 냄새를 풍기게 하는 분자다. 그리고 2-아세틸-1-피롤린pyrroline은 바스마티 라이스basmati rice의 맛과 향을 결정한다. 이 두 화합물 모두 1리터에 0.06 ng(100조분의 1보다 조금 많은) 이상 포함되어 있으면 사람이 그 냄새를 맡을 수 있다.

물과 마이야르 반응

조리할 때 마이야르 반응이 일어나는 가장 중요한 변수는 온도다. 예를 들어 100℃ 부근에서 조리한 고기는 갈색으로 변하지 않고, 고기의 특이한 맛이나 냄새가 나지 않는다. 수분 함량도 중요하다. 물이 존재하는 동안에는 온도가 물이 끓는 온도보다 높이 올라갈 수 없다. 물은 마이야르 반응의 첫 단계에서도 생성되기 때문에 이를 제거하는 것이 마이야르 반응을 지속시키기 위해 필요하다. 높은 온도는 물을 끓여서 날려 보내고 조리되는 음식물을 마르게 한다. 그러나 마이야르 반응은 종종 음식물 속에서 일어나는 다른 반응인 캐러멜화 반응과 함께 일어난다. 그리고 200℃ 이상에서는 연소 반응과 함께 캐러멜화 반응이 주로 일어나게 된다. 높은 압력은 물의 끓는점을 높인다. 따라서 높은 압력에서 조리하면 수분을 많이 포함한 음식물에서도 마이야르 반응이 일어날 수 있다. 알칼리도 도움을 준다. 따라서 마이야르 반응의 효과를 높이기 위해 종종 중탄산염 소다를 첨가하기도 한다.

146

우라늄의 가장 무거운 동위원소가 가지고 있는 중성자의 수

원자량(A)은 양성자의 수 또는 원자번호(Z)와 중성자의 수(N)를 합한 값이다. 우라늄의 원자번호는 92, 다시 말해 92개의 양성자를 가지고 있다. 우라늄의 동위원소들은 다른 수의 중성자를 가지고 있다. 핵연료로 사용되는 가장 중요한 우라늄-235 동위원소는 143개의 중성자를 가지고 있다(118쪽 참조). 그러나 우라늄-235는 반감기가 짧아 자연에 존재하는 양은 많지 않다(100쪽 참조). 우라늄 동위원소 중에서 가장 무거운 우라늄-238의 원자핵은 146개의 중성자를 가지고 있다. 우라늄-238 역시 방사성 동위원소지만 훨씬 더 안정하여 반감기가 45억 년이나 되기 때문에 지구가 형성될 때 존재하던 우라늄-238 중 반이 아직도 남아 있다. 따라서 우라늄-238은 자연에서 발견되는 우라늄의 99.3%를 차지한다.

우라늄 광석에는 우라늄-238이 압도적으로 많이 포함되어 있어 제2차 세계대전 중 핵폭탄을 개발하기 위해 실행했던 맨해튼 계획은 큰 어려움을 겪었다. 원자폭탄을 만들기 위해서는 우라늄 광석에 소량 포함되어 있는 가벼운 동위원소를 추출해내야 했기 때문이다. 두 동위원소 사이의 작은 질량 차이가 두 동위원소를 분리해내는 물리적 방법의 기반이 되었다. 원심분리법은 오늘날에도 우라늄 농축(우라늄-235의 함량을 높이는)에 사용되는 기본적인 방법이다. 우라늄-238은 중성자를 흡수하고 플루토늄-239로 바뀐다. 다음 세대 원자로에서는 이런 성질을 이용하게 될 것이다.

159

석유 1배럴의 양(ℓ)

원유 1배럴은 159리터(ℓ)다. 여러 가지 화학반응을 통해 원유 159리터로 약 170리터(45미국 갤런)의 정유 제품을 생산한다.

세계에서 가장 교역량이 많은 물질은 원유다. 액체 상태의 화석연료를 총칭하는 원유는 모양과 성질 그리고 포함하고 있는 물질이 다양하다. 주로 탄화수소로 이루어진 여러 가지 성분의 혼합물인 원유의 무게 중 약 93~97%는 탄소이고, 나머지의 대부분은 수소이다. 약간의 질소, 산소, 황(일부 원유에는 황이 6%까지 포함된 경우도 있다), 그리고 아주 적은 양의 금속도 포함되어 있다. 탄화수소는 파라핀(가장 중요한 것으로 15~60%), 나프탈렌(30~60%), 방향족 탄소(3~30%), 아스팔트(적은 양)의 네 종류로 분류할 수 있다. 각 성분의 함유량은 원유 산지에 따라 달라진다.

▲ 미국 에너지정보국이 조사한 증류나 크래킹을 통해 1배럴의 원유에서 생산할 수 있는 제품의 양을 갤런이라는 단위를 이용하여 나타낸 그래프.

정유

원유의 색깔은 검은색에서 밀짚 색깔까지 다양하며, 매우 가볍고 휘발성이 큰 것에서부터 거의 고체와 같은 타르에 이르기까지 여러 가지가 있다. 경질 원유는 가치 있는 유용한 석유 제품을 추출하기가 쉬워 좀 더 가치가 있다. 정유는 원유를 여러 성분으로 분류하고, 분류한 물질을 사용 가능한 최종 제품으로 만드는 일련의 과정을 말한다.

정유의 첫 단계에서는 원유를 가열한 다음 여러 성분들의 무게 차이와 끓는점 차이를 이용하여 성분을 분리한다. 가열된 원유는 증류

장치를 통과시키면 휘발유, 액화석유가스(LPG)와 같이 가벼운 성분은 증류장치 위쪽까지 올라가고 가스 오일이라고 알려진 무거운 성분은 아래로 가라앉는다. 등유나 중유처럼 무게가 중간 정도인 성분은 중간에 모이는 등 서로 다른 높이에서 각 성분이 분리된다. 그 후 가스 오일은 높은 온도와 압력에서 촉매를 이용하여 분쇄한다. 이러한 크래킹 과정에는 탄화수소의 긴 사슬을 작게 자르는 것도 포함된다. 그런 다음 알킬화를 비롯한 다른 과정을 거쳐 휘발유와 같은 최종 제품을 만든다. 이 2차 과정을 전환이라고 한다.

정유 과정의 최종 제품에는 LPG, 휘발유, 제트기 연료, 난방용 기름, 경유 등이 포함된다. 크래킹은 무겁고 밀도가 높은 탄화수소를 가벼운 것으로 바꾸기 때문에 제품의 부피가 사용된 원유의 부피보다 크다. 1배럴로 생산한 170리터의 석유제품에는 약 72리터의 자동차용 휘발유와 38리터의 중유가 포함된다.

다양한 석유화학제품들

석유제품에는 연료 외에도 여러 가지가 있다. 원유에서 추출한 물질들은 플라스틱 산업의 바탕을 이루고 있으며 다양한 제품의 원료로 사용된다. 이런 제품에는 타이어, 크레용, 심장판막, 암모니아, 세척액, 안경, 탈취제, 잉크, 컴퓨터, CD, DVD와 같은 다양한 제품들이 포함된다.

169

얀 반 헬몬트의 미루나무 무게(lb)

17세기의 연금술사 얀 밥티스타 반 헬몬트Yan Baptista van Helmont가 미루나무 묘목을 5년 동안 물만 주어 키운 후 무게를 달아보니 169파운드(lb)였다. 이것은 최초로 광합성 작용을 과학적으로 연구한 실험이었다.

반 헬몬트는 벨기에 태생의 네덜란드 의사이자 연금술을 포함한 자연철학을 연구하는 데 일생을 바친 사람이었다. 그는 연금술 때문에 정부 당국과 갈등을 겪기도 했으며 연구 결과는 그가 사망하고 4년이 지난 1648년 이전에는 출판되지 않았다.

그의 연구 중 가장 뛰어난 미루나무 무게 실험은 15세기의 니콜라우스 쿠자누스Nicolaus Cusanus의 실험을 연장한 것이었다. 화분(외부와 차단된 계)에서 키우던 식물의 무게가 증가하는 것을 기록했던 니콜라스의 실험은 식물이 공기와 물에서 물질을 얻는다는 것을 보여준 첫 번째 실험이었다.

▼ 반 헬몬트가 실험을 시작할 때의 버드나무와 5년 동안 물만 주어 키운 후의 버드나무.

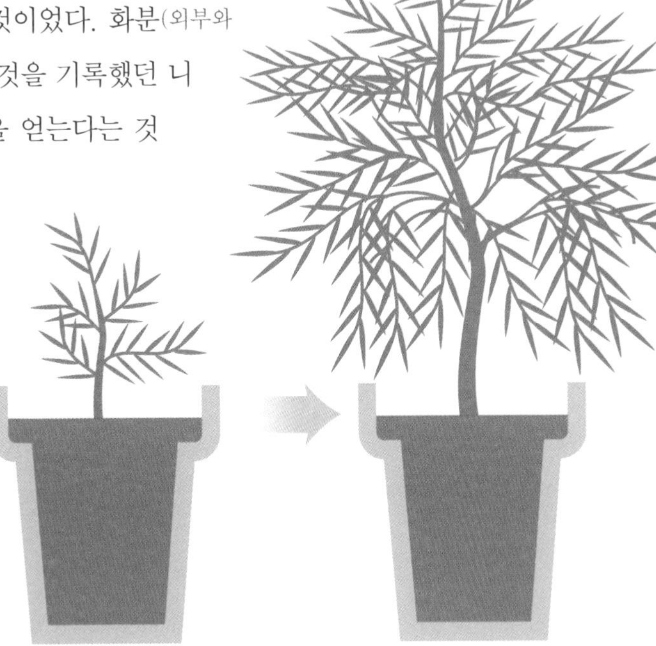

물에서만 자란다

반 헬몬트는 이 실험을 좀 더 엄밀하게 다시 했다. "나는 흙으로 만든 용기를 구해 200파운드의 흙을 넣은 다음 난로에서 건조했다. ……그리고 거기에 5파운드 3온스짜리 미루나무를 심었다." 주석으로 용기를 덮은 다음 증류수만 준 뒤 5년 후 미루나무를 캐내 무게를 달아보았다. 나무의 무게는 169파운드였다. 반 헬몬트는 화분 속의 흙을 말린 다음 무게를 달았다. 흙의 무게는 거의 200파운드였다. 그는 "164파운드의 나무, 껍질 그리고 뿌리는 물에서 온 것"이라고 추정했다.

미루나무가 물을 식물을 이루고 있는 물질로 변환시킨 것으로 보였다. 고대 그리스 철학자 탈레스(54쪽 참조)의 생각을 받아들여 물이 만물을 만드는 근본 원소라고 믿고 있던 반 헬몬트에게 이것은 물이 만물의 근원이라는 확실한 증거라고 생각되었다. 그래서 "모든 광물은 물의 자궁 또는 모체에 그들의 씨앗을 가지고 있다"고 주장했다.

이산화탄소의 발견

실제로는 미루나무가 자라기 위해 얻은 물질은 물이 아닌 공기에서 온 것이었다. 다시 말해 공기 중에 포함되어 있던 이산화탄소가 식물을 이루는 물질로 변한 것이다. 햇빛을 이용하는 광합성 작용에서는 CO_2와 H_2O를 결합하여 탄화수소와 산소를 만들어낸다(133쪽 참조). 반 헬몬트는 이산화탄소가 미루나무 무게 증가의 실제 원인이라는 것을 알아내지는 못했지만 이산화탄소의 존재 가능성을 처음으로 알아차린 사람이었다. 금속을 산에 녹였다가 같은 양의 금속을 다시 거두어들이는 실험을 통해 그는 질량 보존의 법칙을 확신하게 되었다. 다시 말해 물질은 창조되거나 사라지지 않고 성질이 변할 뿐이라고 생각했다. 62파운드의 숯을 태웠을 때 1파운드의 재가 남는 것을 보고 그는 61파운드의 물질이 증기 또는 공기 영혼의 형태로 날아갔다고 주장했다.

"나는 나무의 영혼인 지금까지 알려지지 않은 이 기체를 새로운 이름으로 부른다. 이것은 그릇에 담을 수 없고, 눈으로 볼 수 있는 물체로, 응축시킬 수도 없다." 타고 있는 숯에서 나오는 기체를 그는 '나무의 영혼spiritus sylvester'이라고 불렀다. 이 기체는 조지프 블랙이 새로운 기체라는 것을 밝혀냈고, 결국은 이산화탄소라는 것을 알게 되었다.

169.8

질산은의 분자량(g/mol)

은의 비교적 안정한 화합물인 질산은($AgNO_3$) 1몰의 무게는 169.8g이다. 질산은은 사진을 비롯해 여러 가지 용도에 쓰이는 화합물이다. 은은 놀라운 성질을 가진 다양한 화합물을 만들 수 있다. 은의 화합물들이 금속성 은으로 변하면 흰색이거나 투명했던 물질이 검은색으로 변한다. 이런 이상한 현상은 1720년대부터 알려져 있었다. 이런 성질을 처음으로 사진 기술에 이용한 사람은 독일의 물리학자 겸 의사였던 요한 하인리히 슐체Johann Heinrich Schulze로 그는 사진을 "빛으로 쓰는 것"이라고 했다. 슐체는 질산은 화합물로 실험을 했는데, 질산은을 오븐에 구우면 색깔이 변하지 않지만 햇빛에 노출시키면 변한다는 것을 증명했다. 질산은이 섞인 백악 항아리 위에 놓인 인쇄용 형판stencil을 이용해 실험했던 슐체는 "종이의 잘라낸 부분을 통과하여 유리에 도달한 태양 광선이 백악 위에 단어나 문장을 아주 정확히 썼기 때문에 이 실험을 신기하게 생각하지만 글자가 만들어지는 과정을 잘 모르는 사람들은 이것이 일종의 술수라고 생각했다"는 기록을 남겼다.

▲ 흰색 설탕과 같은 결정을 형성한 질산은이 든 유리병, 용액 상태에서 질산은은 피부를 그을리게 하고 오래 노출하면 피부가 타게 된다.

질산염의 색깔

질산은은 빛으로 만든 그림인 사진 기술에도 사용되었다. 슐체의 연구에서 영감을 얻은 칼 셸레Carl Scheele, 영국의 물리학자 토머스 웨지우드Thomas Wedgwood 그리고 그의 친구였던 험프리 데이비Humphry Davy 등이 은염에 대한 후속 연구를 통해 18세기와 19세기 초에 사진 기술을 연구했다. 질산은은 카메라(렌즈를 통해 밖에서 오는 빛을 모아 영상을 만드는 암실이나 상자)의 구멍을 통과한 빛이 만든 영상을 기록하기에는 민감도가 떨어졌다. 그러나 윗면을 질산은으로 처리한 유리판 위에 그림을 올려놓고 빛에 노출시키자 '사진의 그림자에 따라 밝기가 다른 갈색이나 검은색 형체가 나타났다. 그리고 빛에 노출되지 않은 부분은 질산염의 색깔이 깊어지는' 것을 발견했다. 하지만 사진을 보기 위해 그들이 한 일은 빛에 노출시키는 것이 전부였다. 그들은 빛에 노출되지 않은 은염을 '고정'시킬 수 없었다. 다시 말해 금속성 은으로 변하는 것을 막지 못했다. 따라서 사진 전체가 곧 검게 변해 영상이 사라졌다.

질산은은 사진에 사용하기에는 적당한 화합물이 아닌 것 같아 보였다. 염화은이나 요오드화은과 같은 은의 할로겐 염이 좀 더 빛에 민감해 사진 기술에 사용하기에 더 적당한 물질임에도 불구하고 빛에 대한 민감성이 오히려 사진에 사용하는 데 장애가 되었다. 사진 감광판을 만들기 위해서는 은염을 얇은 막으로 입혀야 했지만 할로겐 은염은 녹지 않아 얇은 막을 입힐 수가 없었다. 그리고 빛에 민감

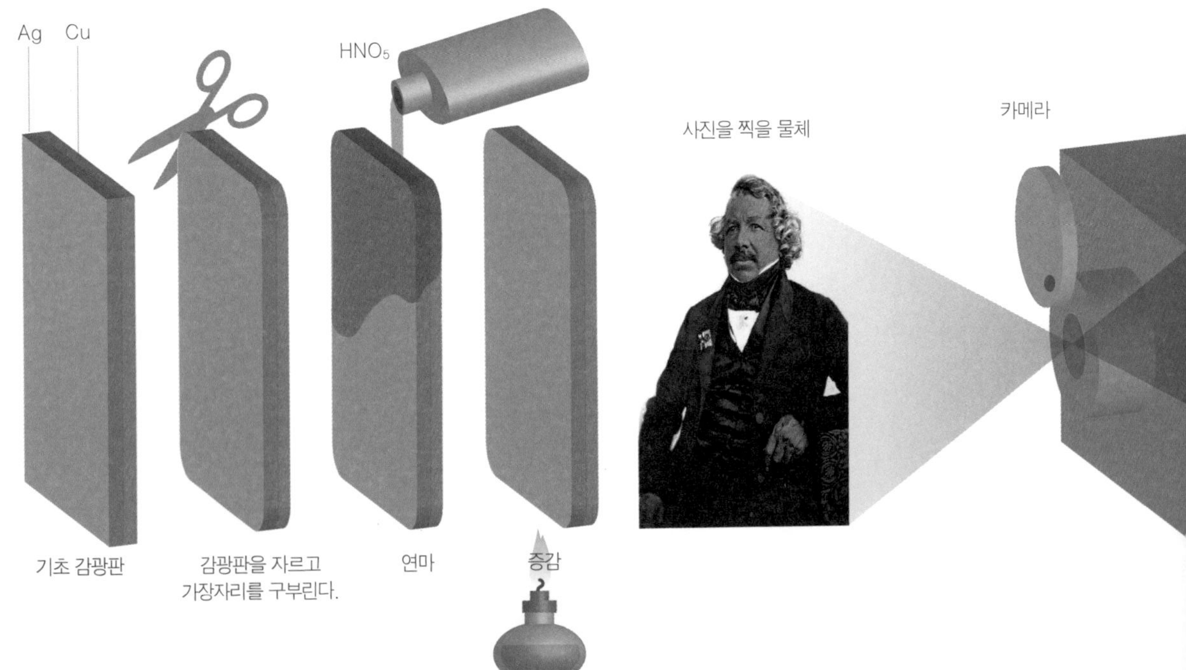

해서 오래 보관할 수 없었다. 이런 문제들을 해결한 것이 질산은이었다. 그리고 현대 사진술에서도 질산은은 핵심적인 역할을 한다.

젖은 감광판

사진 기술은 루이 자크 망데 다게르Louis Jacques Mande Daguerre와 조제프 니세포르 니엡스Joseph Nicéphore Niepce가 개발한 '젖은 감광판'을 사용하는 다게레오타이프Daguerreotype로 발전했다. 카메라맨은 사진에 사용할 감광판 제작이 가능한 작은 이동식 실험실을 가지고 다녀야 했다. 카메라맨은 유리판을 브롬화칼륨과 같은 안정한 염의 수용액으로 씻은 다음 질산은 용약에 담갔다. 질산은은 오래 저장하거나 가지고 다녀도 될 정도로 안정하면서도 쉽게 용액으로 만들 수 있으며 다른 염에 포함된 금속을 은으로 대체할 수 있었다. 감광판을 질산염 용액에 담그면 질산염의 은이 브롬화칼륨의 칼륨을 대체해 수용성이 아닌 브롬화은을 형성하여 유리판 위에 얇은 막을 만들었다. 이렇게 해서 감광판이 만들어지면 사진을 찍을 준비가 끝났다.

▼ 여러 가지 힘든 과정이 필요한 다게레오타이프 사진술. 은을 입힌 구리판을 자르고 가장자리를 구부린다. 부식성이 강한 질산으로 닦은 다음 요오드 증기를 쪼여 반응성이 강한 할로겐화은 코팅을 만든다. 물체(여기서는 다게르 자신)에서 반사된 빛에 노출시킨 다음 수은 증기로 현상한다. 계속해서 티오황산나트륨을 이용하여 남아 있는 할로겐 원소를 제거해 고정시킨다. 마지막으로 약한 은 먼지로 만들어진 영상을 보호하기 위해 열을 가해 염화금을 입힌다.

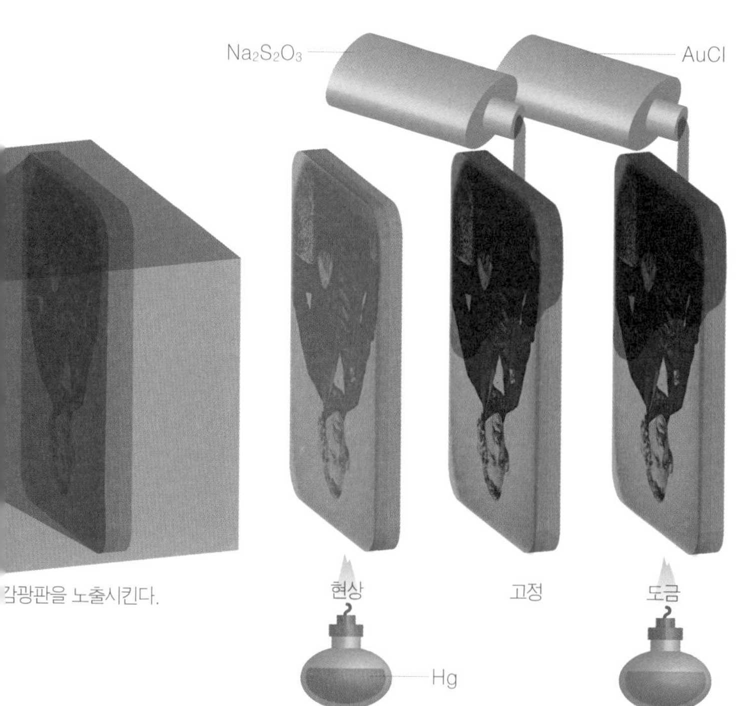

사진을 찍는 도구에는 다양한 화학물질을 이용해서 감광판을 만드는 기구들이 포함되어 있었다. 그중에는 감광판을 만드는 데 사용할 용액과 이 용액을 이용하여 감광판을 만들고, 사진을 찍은 다음 감광판을 현상할 수 있는 이동식 암실도 있었다. 그리고 당시에는 카메라 자체도 삼각대 위에 설치된 커다란 장치였다. 여기에 사용되는 화학물질, 특히 은염은 냄새가 지독하고 독성이 강했으며 피부에 지워지지 않는 짙은 갈색 얼룩을 만들었다. 그리고 질산은은 독성이 강해 오랫동안 접촉하면 얼룩이 화상으로 변하거나 눈에도 좋지 않아 시력을 잃기도 했다.

▲ 오래전에 사용된 젖은-감광판 카메라. 노출 시간은 현대의 카메라와 같이 셔터가 아니라 렌즈에 뚜껑을 씌우거나 제거하여 조절했다.

질산은을 삼키거나 흡입하면 배출되지 않고 몸 안에 남아 천천히 검은색의 황화은으로 변하면서 온몸에 검은 얼룩이 생기기도 했다. 이런 증상을 은 중독이라고 한다.

이런 사진 기술은 1880년에 조지 이스트먼George Eastman이 개발한 코닥 사진술로 대체되었다. 코닥 사진술에서는 젤라틴으로 '마른' 감광판을 만들어 사용했다. 8년 후에 이스트먼은 유연한 필름을 도입해 사진술이 널리 사용될 수 있도록 했다.

질산은은 오늘날에도 사진필름을 생산하는 과정에서 중요한 역할을 한다. 은염이 관련된 공정에서는 언제나 질산은이 최초의 반응물로 사용되고, 마지막 단계에 할로겐 은염이 만들어진다.

거울

질산은이 사용되는 또 다른 곳은 은을 입혀 거울을 만들 때다. 은은 가시광선을 가장 잘 반사하는 물질이지만 산화되면 빠르게 검은색으로 변하기 때문에 반사하는 면은 공기로부터 차단되어야 한다. 유리의 한 면을 질산은 용액으로 씻어낸 다음 수산화나트륨과 암모니아를 첨가하여 은과 암모니아의 혼합물을 만든다. 당을 첨가하면 은이 금속성 은으로 변하는 것을 방지할 수 있다. 유리의 한쪽 면에 이런 층이 만들어지면 거울로 사용할 수 있다.

235

최초의 원자폭탄을 만드는 데 사용된 우라늄 동위원소의 원자량

최초의 원자폭탄에 사용된, 자연에서 발견되는 우라늄의 방사성 동위원소는 92개의 양성자와 143개의 중성자를 가지고 있어 상대적 원자량이 235인 우라늄-235이다.

원자폭탄 이야기는 원자가 분열할 수 있으며 이 과정에서 많은 에너지가 방출된다는 것을 처음 알아낸 방사성원소의 발견에서 시작된다. 1914년 초에 출판된 허버트 조지 웰스Herbert George Wells의 예언적 소설 《해방된 세상》에서는 원자폭탄의 엄청난 위력에 대해 설명하고 있다. 공상과학소설을 현실로 바꾸기 위한 여행은 여러 중간 기착지를 거쳐야 하기 때문에 30년 이상 걸리는 긴 여행이었다.

핵분열의 발견

이런 중간 기착지 중 첫 번째가 1932년에 제임스 채드윅James Chadwick이 중성자의 존재를 확인한 것이었다. 어니스트 러더퍼드는 원자핵을 구성하고 있는 중성입자의 존재를 오래전부터 예측하고 있었다(26쪽 참조). 중성자의 발견으로 헝가리 출신 물리학자 레오 실라르드Leo Szilard는 핵분열 연쇄반응을 생각하게 되었다. 실라르드는 전하를 가지고 있지 않은 중성자가 쉽게 원자핵에 접근하여 원자핵과 결합할 수 있고, 따라서 원자핵을 불안정하게 만들어 더 많은 중성자를 방출하게 할 수 있다는 사실을 알아차렸다. 이렇게 되면 연쇄 핵분열 반응이 일어나 엄청난 에너지가 나올 것이다. 그러한 연쇄반응은 '자유'중성자가 촉발시킨 핵반응에 의해 시작될 것이다. 그렇다면 어떻게 최초의 핵반응을 촉발시킬 수 있을까?

이 문제는 아메바가 두 개의 딸세포로 분열하는 것처럼 불안정한 원자핵이 두 개의 원자핵으로 쪼개지는 원자핵분열의 발견으로 해결되었다.

중성자가 발견되면서 우라늄에 중성자를 충돌시켜 우라늄보다 큰 초우라늄 원소를 만들려는 연구가 시작되었다. 1930년대까지 원자핵은 중성자를 흡수하거나 알파입자(두 개의 양성자와 두 개의 중성자로 이루어진)를 방출하고 크기가 조금 변하는 것과 같은 변화만 가능하다고 믿었다. 이 때문에 독일과 오스트리아 출신 화학자 오토 한Otto Hahn과 프리츠 슈트라스만Fritz Strassmann 그리고 그들의 공동 연구자였던 리제 마이트너Lise Meitner는 우라늄을 이용한 실험 결과를 설명하는 데 어려움을 겪고 있었다. 우라늄에 중성자를 충돌시켰을 때 만들어진 생성물에는 원자번호가 56이고 원자량이 140정도인 바륨이 포함되어 있는 것처럼 보였기 때문이다.

1938년 말에 마이트너와 그녀의 조카 오토 프리슈Otto Frisch는 우라늄 원자핵이 분열되어 바륨이 만들어졌다는 것을 알아냈다. 몇 주 뒤에 핵분열 발견 소식이 미국에도 전해졌다. 워싱턴에서 열린 학술회의 참석을 위해 미국행 배를 타려는 덴마크 물리학자 닐스 보어Niels Bohr에게 프리슈가 전한 이 소식은 보어에 의해 미국 학자들에게 전해졌다. 핵분열은 많은 연구 주제가 되었고, 곧 우라늄의 핵분열이 자유중성자를 방출한다는 것을 알게 되었다. 연쇄반응이 가능하게 된 것이다. 실라르드와 다른 과학자들은 과학적이고 정치적인 추진력을 이용하여 연쇄반응 기술에 연구 역량을 집중했다.

▲ 나치의 박해를 피해 마이트너가 망명하기 전에 오토 한과 실험실에서 연구하고 있다.

핵분열 동위원소

그러나 원자폭탄을 만들기 위해서는 많은 어려움을 극복해야 했다. 어려움의 대부분은 우라늄의 성질로 인한 것이었다. 핵분열이 일찍 발견되지 않은 이유는 우라늄이 잘 분열하지 않기 때문이었다. 일반적으로 우라늄 원자핵이 중성자를 흡수하면 중성자가 베타입자(전자)

를 방출하여 양성자로 바뀌어 전체적으로 양성자가 하나 늘어나 원자번호가 93번인 넵투늄이 된다.

핵분열이 자주 일어나지 않은 이유를 밝혀낸 사람은 보어였다. 그는 1935년에 우라늄이 두 가지 동위원소 우라늄-238과 우라늄-235의 혼합물이라는 것을 알아냈다. 가벼운 동위원소는 훨씬 더 불안정해 중성자를 흡수하면 좀 더 쉽게 분열했다. 그러나 이런 불안정성으로 인해 대부분 붕괴해버렸기 때문에 자연에 존재하는 양이 아주 적었다. 자연에 포함된 우라늄-235는 전체 우라늄의 0.7%에 불과했다.

자연 상태의 우라늄으로 원자폭탄을 만드는 것도 가능하다. 그러나 임계질량을 채우려면 많은 양이 필요했고, 폭발 효율도 낮을 것이다. 1940년 2월에 프리슈는 순수한 우라늄-235로 폭탄을 만들면 임계질량이 몇 톤이 아니라 몇 kg이면 된다는 것을 알아냈다. 원자폭탄을 만들기 위해 남아 있는 가장 중요한 문제는 우라늄-235를 농축시켜 함량을 높이는 것이었다. 두 동위원소는 같은 화학적 성질을 가지고 있어서 간단한 화학적 방법으로는 농축이 가능하지 않았다. 따라서 우라늄-235을 농축시키기 위해서는 동위원소들 사이의 물리적 성질

▼ 원자핵 분열: 우라늄-235 원자핵에 중성자를 첨가하면 원자핵이 두 개의 '딸핵'으로 분리되면서 에너지와 두 개의 중성자를 방출한다.

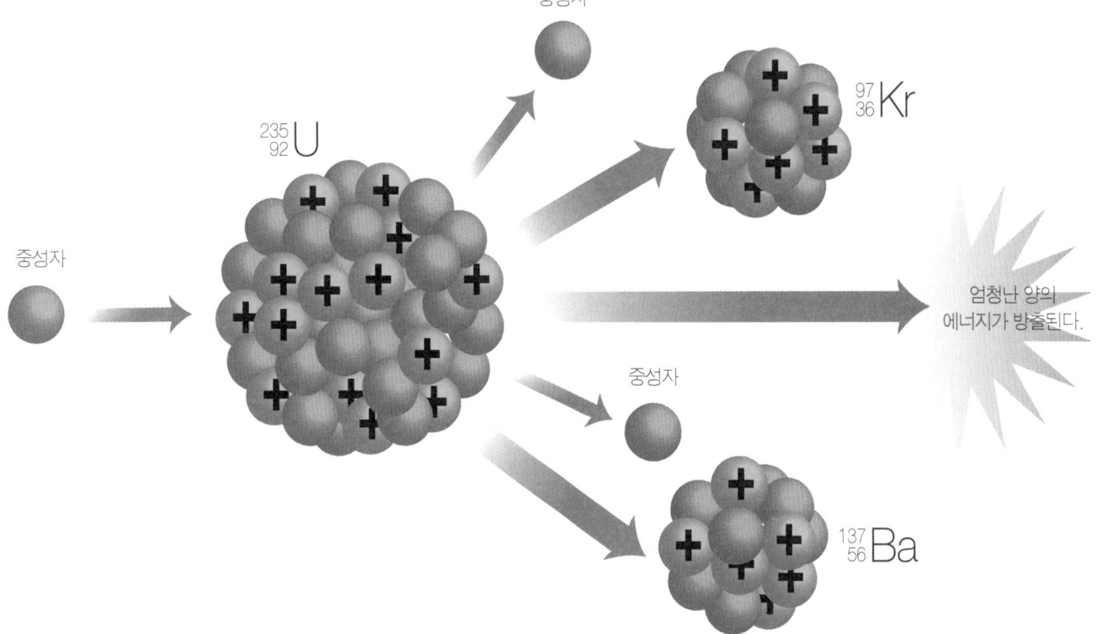

의 차이, 즉 원자량의 차이를 이용해야 했다. 원자폭탄을 만들기 위한 맨해튼 프로젝트에서는 여러 가지 농축 기술을 동시에 사용했다.

농축 기술

1939년에 우라늄-235 분리에 처음 성공한 사람은 동위원소를 발견할 때 사용한 것과 같은 질량분석기를 이용한 알프레드 니어Alfred Nier였다. 질량분석기에서는 전자기장을 이용하여 동위원소 빔을 다른 각도로 휘어지게 한다. 이러한 전자기학 원리는 최초 대량 농축 기술에서도 기본 원리가 되었다. 캘리포니아 대학 버클리 캠퍼스의 어니스트 로런스Ernest Lawrence는 사이클로트론 입자가속기를 그가 칼루트론이라고 이름 붙인 동위원소 분리 장치로 개조했다. 1942년 2월까지 칼루트론 방법은 가장 유망한 농축 방법처럼 보였다. 그러나 길게 보면 효율성이 너무 낮고, 우라늄-235 1g을 얻는 데 수백만 달러가 들었다.

맨해튼 계획에서는 테네시의 오크리지에 다른 농축 방법을 이용하여 우라늄-235를 농축하는 거대한 공장을 건설했다. 여기서 사용한 방법은 기체의 확산을 이용하는 것으로, 질량이 작은 기체 입자가 작은 구멍이 있는 막을 더 잘 통과하는 것을 이용했다. 우라늄을 기체 상태인 우라늄헥사플루오라이드로 만들어 작은 구멍이 있는 막을 통과시키면 우라늄-235 헥사플루오라이드가 막을 좀 더 잘 통과해 농축되었다. 이 과정에서 헥사플루오라이드의 강한 부식성과 오염을 피하기 위해 테플론과 같은 새로운 물질이 개발되었다. 기체 확산을 이용한 농축 시설인 거대한 K-25 시설을 갖추는 데 수억 달러가 들었다. 따라서 이 시설은 맨해튼 계획에서 가장 많은 예산이 들어갔다.

맨해튼 계획은 결국 기체 확산 방법과 칼루트론 방법을 결합한 농축 기술을 사용하게 되었다. 1945년 8월 초까지 그들은 8월 6일 히로시마에 투하된 최초의 원자폭탄 '리틀보이'를 만드는 데 충분한 우라늄-235를 확보할 수 있었다.

273.15

절대온도에서 물의 어는점(K)

현재 전 세계에서 널리 사용되는 온도계는 세 가지가 있다. 표준화된 온도계를 처음 만든 사람은 18세기 독일 물리학자 다니엘 가브리엘 파렌하이트Daniel Gabriel Fahrenheit였다. 그는 얼음과 소금을 섞어 자신이 만들 수 있었던 가장 낮은 온도를 0도로 정하고, 물이 어는 온도를 30도, 사람의 체온을 90도로 정했다가 후에 32도와 96도로 수정했다(후에 정밀한 실험을 통해 체온은 98.6도로 다시 수정되었다). 결국 물이 어는 온도와 끓는 온도는 각각 32도와 212도로 정하고, 그 사이를 180등분한 화씨온도계가 되었다.

1742년에는 스웨덴의 천문학자 안데르스 셀시우스Anders Celsius가 물이 어는 온도와 끓는 온도 사이를 100등분한 섭씨온도계를 고안했다.

1800년대 초에 기체의 온도와 부피 사이의 관계가 밝혀졌다. 따라서 과학자들은 이상기체의 부피가 영하 273.15도에서 0이 된다는 것을 알게 되었다. 윌리엄 톰슨(켈빈 경)은 이것을 이용하여 절대 온도계를 만들었다. 절대영도는 이론적으로 에너지가 0이 되어 입자들의 운동이 정지되는 온도다. 절대 온도계에서는 물이 어는점이 273.15도이다. 절대온도는 켈빈이라고도 부르며 K라는 기호를 이용하여 나타낸다. 절대온도에서의 1도 차이는 섭씨온도에서의 1도 차이와 같다.

274

험프리 데이비가 칼륨을 분리하는 데 사용한 볼타전지 판의 수

1807년에 험프리 데이비Humphry Davy는 그때까지 만들어진 가장 큰 볼타전지 중 하나를 이용하여 용융된 칼륨과 나트륨을 전기분해했다. 이를 통해 그는 이 두 알칼리토금속을 분리해 내는 데 성공하여 두 새로운 원소를 발견할 수 있었다.

앙투안 라부아지에Antoine Lavoisier는 알칼리금속 산화물인 잿물과 중조(탄산수소나트륨)가 두 개의 새로운 원소를 포함하고 있다는 것을 증명하고 싶어 했다. 그러나 당시에는 이 알칼리를 성분 원소로 분리하는 기술이 없었다. 1799년에 이 기술이 이탈리아의 알레산드로 볼타Alessandro Volta가 발명한 볼타전지에 의해 가능해졌다. 볼타는 이탈리아의 루이지 갈바니Luigi Galvani의 연구를 바탕으로 자신의 이름이 붙은 전지를 발명했다. 볼타파일(볼타전지)은 아연, 은, 구리 또는 다른 금속판을 번갈아 쌓아놓고 그 사이에 소금물에 적신 종이를 끼운 것이었다. 전자는 전해질인 소금물을 통과해 한 금속판에서 다른 금속판으로 이동하기 때문에 두 금속판을 도선으로 연결하면 도선에 전류가 흐른다. 이때 발생하는 전류는 아주 약하지만 전지에 더 많은 금속판을 첨가하면 큰 전류가 흐르게 할 수 있다. 1805년에는 1800~2000쌍의 금속판을 쌓아 올린 전지가 만들어졌다.

볼타파일은 수직으로 세운 기둥 사이에 금속판을 수직으로 쌓아 올려 만들었다. 볼타파일에 대한 소식이 전해진 후 오래지 않아 스코틀랜드의 화학자 윌리엄 크룩생크William Cruickshank는 수지로 절연한 긴 나무 홈통에 금속판을 수평으로 끼워 넣은 다음 전해질 용액에 담근 전지를 만들었다. 따라서 훨씬 더 많은 판을 사용한 전지를 만들 수 있었다. 크룩생크의 전지는 그 후 35년 동안 전기화학에 사용된 표준 전지가 되었다.

'내가 만들어낼 수 있는 가장 강한 전기'

1800년에 브리스틀에 있는 공기연구소의 신참 연구원이었던 험프리 데이비Humphry Davy(83쪽 참조)는 새로운 기술이 가지고 있는 잠재력을 금방 알아차렸다. 7년 후 그는 런던에 있는 왕립연구소에서 라부아지에가 예상했던 전기분해를 실현하기 위해 강력한 전지를 만들었다.

1807년 유명한 강의 내용을 정리한 글에서 데이비는 "나는 상온에서 포화된 잿물과 소다 용액에 왕립연구소가 가지고 있던 볼타전지를 결합하여 만들어낼 수 있는 가장 강력한 전기를 작용시켰다. 이 전지에는 넓이가 12제곱인치인 24개의 구리와 아연판 그리고 넓이가 각각 6제곱인치와 4제곱인치인 판이 100개와 150개 사용되었고, 질산 용액을 전해질로 사용했다"고 설명했다.

넘치는 기쁨

데이비는 274개의 판으로 이루어진 이 전지의 전극을 용융된 한 스푼 정도의 잿물(산화칼륨)에 연결했다. 그리고 '잿물을 통해 올라오는 공기 중에서 불이 붙는 공기 방울을 관찰했다'. 기쁨을 억누를 수 없었던 데이비는 방 안을 뛰어다녔다. 칼륨을 분리해낸 이 실험과, 소다에서 나트륨을 분리해낸 후속 실험으로 전지는 모두 방전되었다. 따라서 많은 사람들의 도움으로 데이비는 2000쌍의 금속판으로 이루어진 전지를 새로 만들었다. 총 활성 단면적이 $80m^2$나 되었던 이 전지는 강력한 전류를 발생시킬 수 있었다.

334

물의 응고 잠열(KJ/kg)

액체 상태의 물 1kg이 0°C에서 얼어 얼음이 될 때는 334kJ의 에너지를 방출한다. 이것이 물의 응고 잠열이다. 잠열은 온도 변화를 가져오지 않는 에너지다. 계에 에너지가 들어오면 온도가 올라가는 것이 당연하다고 생각하던 사람들에게 잠열은 이해하기 어려운 개념이었다. 상태의 변화는 온도에 영향을 주지 않고 에너지를 방출하거나 흡수한다. 직관에 반하는 이런 현상은 스코틀랜드 의사 겸 화학자 조지프 블랙Joseph Black이 처음 발견했다. 그는 당시 확인되지 않은 채 널리 받아들여지고 있던 가정과는 반대로 0℃의 얼음에 약간의 열을 가하면 얼음이 한꺼번에 녹지 않고, 천천히 녹는 것을 관찰했다.

또한 뜨거운 물에 얼음을 떨어뜨리는 실험을 통해 얼음이 온도의 변화 없이 많은 양의 열을 흡수하는 것과 액체 상태의 물이 수증기로 변할 때는 더 많은 에너지가 '사라진다'는 것을 보여주었다. 그는 "열이 물 안으로 흡수되거나 감추어지는 것 같다. 따라서 온도계에는 나타나지 않는다. ……이 에너지는 감추어졌거나 잠재해 있다. 나는 이 에너지의 이름을 잠열이라고 부르겠다"라는 기록을 남겼다.

정밀한 측정을 통해 액체 상태의 물이 얼거나, 얼음이 녹을 때의 잠열이 334 kJ/kg이라는 것이 밝혀졌다. 물의 기화열 또는 수증기의 액화열은 2260kJ/kg이다.

356.7

수은의 끓는점(℃)

상온에서 액체 상태인 두 개의 원소 중 하나인 수은은 356.7℃에서 끓는다. 다시 말해 수은은 아주 넓은 온도 범위에서 액체 상태로 존재한다.

어는점이 −38.9℃인 수은은 고대부터 순수한 액체 상태로 알려져 있었다. 금속성 광택에도 불구하고 '물 은'이라고 불리던 수은은 금속으로 취급되지 않았다. 그러나 1759~1760년 겨울의 북극 추위에서 상트페테르부르크 대학의 브라운Braune 교수가 수은을 얼리는 데 성공한 다음부터는 수은의 금속적 성질이 널리 인정받기 시작했다.

수은은 넓은 온도 범위에서 액체 상태로 존재하기 때문에 낮은 온도와 높은 온도를 측정할 수 있어 온도계와 압력계로 가장 적당했다. 또 끓는점이 높아 1920~1940년대에 미국에서 수은 증기로 작동하는 발전기에 사용되기도 했다. 끓는점이 높은 물질을 사용하면 수증기를 이용하여 작동하는 터빈보다 훨씬 더 열효율이 높아진다.

1931년 3월에 발간된 〈파퓰러Popular 사이언스〉의 기사에 따르면 뉴햄프셔 사우스메도에 있는 수은 증기 발전소에서 100파운드(약 45kg)의 석탄으로 143kWh의 전력을 생산했다. 당시 가장 열효율이 좋은 수증기를 이용한 발전기의 열효율은 112kWh였으며, 수증기 발전기 전체의 평균 열효율은 59kWh였다. 그러나 수은 증기나 수은 화합물의 강한 독성 때문에 수은 증기 발전소는 건강과 안전을 크게 위협했다.

535

탈륨 원소가 내는 녹색 특성 스펙트럼의 파장(nm)

탈륨을 불꽃으로 태우면 다른 원소들과 마찬가지로 선스펙트럼을 방출한다. 이 스펙트럼을 분광기로 분석하면 파장이 535nm인 녹색 특성 스펙트럼을 관측할 수 있다.

분광기는 독일의 물리학자 구스타프 키르히호프Gustav Kirchhoff와 분석화학자 로베르트 분젠Robert Bunsen이 개발한 발명품으로(129쪽 참조) 불꽃으로 가열한 물질의 발광스펙트럼을 분석하는 데 사용된다. 발광스펙트럼에는 화학적 분석 방법으로 알아낼 수 없는 성분 원소에 대한 정보가 포함되어 있다. 원소가 내는 발광스펙트럼 분석을 통해 세슘, 루비듐, 인듐, 탈륨과 같은 새로운 원소들이 발견되었다.

초록 새싹

납과 비슷한 탈륨은 영국 과학자 윌리엄 크룩스William Crookes가 1861년에 발견했다. 크룩스는 황을 생산하는 공장의 굴뚝에서 수집한 물질의 발광스펙트럼을 조사하던 중에 뚜렷한 녹색 스펙트럼을 발견했다. 그리고 봄의 새싹을 연상하는 이 새로운 원소를 초록 새싹을 뜻하는 그리스어를 따라 탈륨이라고 불렀다. 크룩스는 이 새로운 원소를 수 그램 이상 분리해내는 데 어려움을 겪었다. 그러나 1862년 독립적으로 이 원소를 발견한 프랑스의 클로드-오귀스트 라미Claude-Auguste Lamy는 이 금속 덩어리를 얻어내는 데 성공했다. 따라서 우선권을 두고 논란이 있었지만 새로운 원소의 원자량을 결정하는 데 성공한 크룩스가 발견자로 인정받게 되었다. 이는 그의 과학자로서의 성공적인 경력의 시작이었다.

빛으로 도는 풍차

아주 적은 양의 탈륨 무게를 측정하기 위해 크룩스는 진공 저울을 사용했다. 진공에 가까운 상태로 만든 관 안에 저울을 넣어 기체 분자들이 측정을 방해하지 않도록 한 진공 저울을 이용했을 때 빛이 측정에 영향을 준다는 것에서 힌트를 얻은 크룩스는 '빛 풍차'라고 부르는 복사선 측정 장치를 만들었다. 전기 발명가인 니콜라 테슬라Nikola Tesla는 이것을 '역사상 가장 아름다운 발명'이라고 평가했다.

한 면은 검은색으로 칠하고 다른 한 면은 흰색으로 칠해 빛을 반사하도록 만든, 네 개의 날개로 이루어진 복사 측정 장치는 거의 모든 공기를 빼낸(부분 진공) 유리관 안에서 수직 축을 중심으로 회전하도록 되어 있었다. 여기에 빛을 비추면 빛이 미는 것처럼 날개가 돌아갔다. 하지만 실제로는 날개 주위에 남아 있던 기체 분자가 부분적으로 가열되어 발생하는 열 증발 현상에 의한 회전이었다.

살인자의 독약

탈륨은 독약으로서의 흥미로운 경력을 가지고 있다. 동물세포들은 탈륨을 칼륨으로 오인해 물질 대사에 큰 혼란을 일으키기 때문에 동물에게 독성이 강한 원소다. 특히 신경세포, 심장 근육, 모낭에 해를 끼친다. 그래서 쥐약으로 널리 사용되며, 털이 빠지는 효과 때문에 제모용 크림으로도 사용된다. 그러나 제모용 크림 튜브 하나에는 생명을 위협할 만한 양의 탈륨이 포함되어 있다. 탈륨은 또한 암살자들이 많이 사용해 '살인자의 독약'으로도 알려져 있다. 그중에서 가장 악명을 떨친 사람은 사담 후세인의 이복형제이자 후세인의 비밀 경호 책임자였던 바르잔 티크리티로, 반대파를 살해하는 데 사용했다. 그리고 1960년대와 1970년대 영국의 찻잔 독살자 그레이엄 영도 악명을 떨친 이들 중 한 사람이다.

589

태양스펙트럼에서 프라운호퍼 D선의 파장(nm)

빛을 프리즘에 통과시키면 다양한 색깔로 분산된다는 것은 중세 때부터 알려져 있었다. 아이작 뉴턴Isaac Newton은 그가 확증 실험이라고 부른 유명한 실험에서 이 현상을 이용하여 흰색 빛에는 여러 가지 색깔의 빛이 혼합되어 있다는 것을 보여주었다. 이 실험에서 프리즘 하나는 흰색 빛을 여러 색깔의 단색광으로 분산시키는 데 사용하고, 또 다른 프리즘은 분산된 단색광이 더 이상 분산되지 않는다는 것을 확인하는 데 사용했다.

1802년 프리즘을 통과시킨 태양 빛을 자세히 관찰한 영국 과학자 윌리엄 울러스턴William Wollaston은 스펙트럼에 여러 개의 검은 선들이 있는 것을 발견했다. 이 발견은 태양 분광학이 탄생하는 계기가 되었다.

▲ 구스타프 키르히호프(위)와 로베르트 분젠(아래). 두 사람의 생산적인 협동 연구는 다른 학문 영역 간 공동 연구의 초기 모델이라고 할 수 있다.

프라운호퍼선

나폴레옹 전쟁 동안에 독일의 렌즈 제작자 요제프 폰 프라운호퍼Joseph von Fraunhofer는 직접 만든 렌즈와 프리즘을 표준화할 목적으로 프리즘을 조정하는 방법을 찾고 있었다. 1814년에 울러스턴의 발견을 알게 된 프라운호퍼는 각각의 선스펙트럼에 이름을 붙여가며 태양스펙트럼의 자세한 지도를 만들기 시작했다. 그는 파장이 589nm인 특별히 어두운 선에 'D'라는 이름을 붙였다. 프라운호퍼선들은 프리즘을 조정하는 데 매우 중요한 기준이 된다는 것이 밝혀졌지만 이런 선들이 만들어지는 원인을 밝혀내는 데는 45년을 더 기다려야 했다.

발광스펙트럼과 흡수스펙트럼의 일치

1849년에 레옹 푸코Leon Foucault는 나트륨램프가 내는 발광스펙트럼 중 하나의 밝은 선스펙트럼 위치가 태양스펙트럼의 D선 위치와 일치한다는 것을 알아냈다. 1850년대에 하이델베르크 대학의 로베르트 분젠과 구스타프 키르히호프는 프리즘과 렌즈 그리고 조절 장치를 조합하여 발광스펙트럼과 흡수스펙트럼을 정확히 측정할 수 있는 정밀한 분광기를 만들었다. 발광스펙트럼은 가열된 기체가 내는 스펙트럼이고, 흡수스펙트럼은 연속스펙트럼을 차가운 기체에 통과시켰을 때 나타나는 스펙트럼이다.

푸코의 발견을 조사한 분젠과 키르히호프는 나트륨이 내는 선스펙트럼의 파장과 태양스펙트럼의 D선의 파장이 일치한다는 것을 확인했다. 그리고 기체가 가열되었을 때 내는 빛과 같은 파장의 빛을 흡수한다는 것도 알아냈다. 이것은 D선이 왜 생기는지를 설명해주었다. 만약 뜨거운 나트륨 기체가 D선을 방출한다면 태양스펙트럼의 D선은 태양과 지구 사이에 나트륨 기체가 같은 파장의 빛을 흡수하고 있다는 증거였다. 다시 말해 태양스펙트럼의 D선은 태양 대기에 나트륨이 포함되어 있음을 뜻했다.

1859년에 발표한 논문에서 두 사람은 '태양스펙트럼의 흡수선들 중 지구 대기의 흡수에 의한 것이 아닌 것들은 태양 대기에 포함된 물질이 뜨거운 상태에서 내는 것과 같은 파장의 빛을 흡수하여 만든 것'이라고 설명했다.

분젠과 키르히호프는 태양 대기에 철, 마그네슘, 나트륨, 니켈, 크롬이 포함되어 있다는 것을 확인했다. 그들이 만든 분광기는 수억 km 떨어진 천체들의 화학적 조성을 분석할 수 있도록 함으로써 천문학의 새로운 시대를 열었다. 태양 분광학은 곧 헬륨의 발견으로 이어졌다. 그리고 분광학을 이용하여 지구 상에서도 여러 개의 새로운 원소들이 발견되었다(126쪽 탈륨 참조).

▼ 프리즘에 의해 분산된 태양스펙트럼에는 태양 대기에 포함된 원소에 의해 흡수된 흡수선들이 포함되어 있다.

600.61

납의 녹는점(K)

납은 자연에서 순수한 상태로 발견되기도 하지만 대부분 광석을 제련하여 얻는다. 그것은 고대에도 마찬가지였다. 납의 생산이 눈에 띄게 증가한 것은 로마 시대였다. 납은 녹는점이 낮아서 캠프파이어를 이용해서도 녹일 수 있다. 고체 상태의 납은 쉽게 얇은 판이나 관을 만들 수 있으면서도 부식에 강해 다양한 용도로 쓰인다. 납은 주석과 섞어 땜납을 만들 수 있고, 백랍은 장식용이나 화장품 염료로 널리 사용된다. 로마인들은 그리스와 사르디니아Sardinia에서 스페인과 영국에 이르는 제국 전체에서 납 광산을 개발해 매년 10만 톤에 이르는 납을 생산했다.

얼음이나 퇴적물의 분석을 통해 고고학자들이 고대의 납 오염 수준을 측정한 결과, 역사가 기록되기 이전 시대에는 0.5ppt였지만, 로마 시대에는 2ppt로 증가했다는 것을 알 수 있었다.

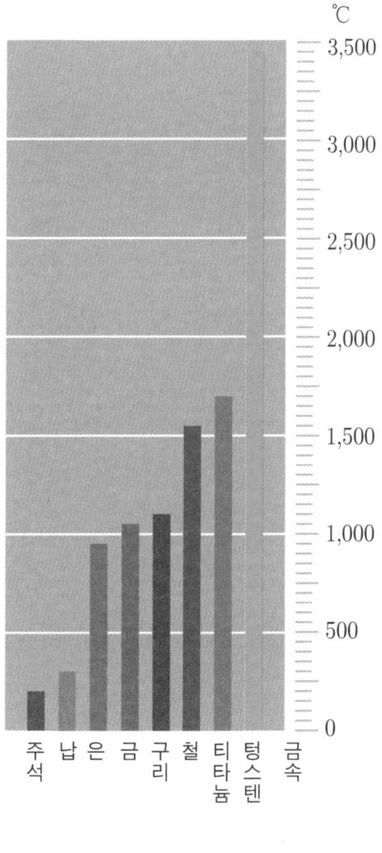

℃
3,500
3,000
2,500
2,000
1,500
1,000
500
0

주석 납 은 금 구리 철 티타늄 텅스텐 금속

▲ 여러 금속의 녹는점 비교.

달콤한 독

납은 독성이 매우 강해 혈액 100㎖ 안에 80㎍만 들어 있어도 납중독을 일으킨다. 납에 오랫동안 노출되면 이보다 훨씬 적은 양으로도 만성 납중독을 일으킬 수 있다. 때문에 로마가 많은 양의 납을 사용한 것이 로마제국의 몰락을 가져왔을 수도 있다. 로마에서 사용한 납의 양 정도면 광범위한 건강 문제를 일으킬 수 있기 때문이다.

로마인들은 부식에 강한 납을 이용하여 수도관을 만들었다. 이로 인해 약하게 산성을 띠는 빗물이 물탱크나 수도관의 납을 녹여 물에 위험한 수준의 납을 포함시켰을 것이다. 게다가 로마인들은 포도주를 끓여 시럽의 일종인 사파를 만들 때 감미료로 납을 첨가하기도 했다. 최고의 사파는 납 팬으로 요리되었다. 또한 음식을 달게 하기 위해 넣은 납 아세트산, 즉 납 설탕이 상당 수준 포함되어 있었다. 현대의 분석에 의하면 사파에 포함된 납의 양은 100ppm(0.1%)이나 되었다. 이런 사파는 한 스푼만 먹어도 약한 납중독을 일으킬 수 있다.

몰락과 멸망

이와 같은 수치들은 고대 로마인들이 광범위한 만성 납중독에 시달렸을 것이라는 추정을 가능하게 한다. 납중독은 출산 능력의 저하, 인식 능력의 퇴화 그리고 심지어는 정신적 문제를 일으킬 수도 있다.

1965년에 길필런S. C. Gilfillan은 '납중독이 로마 문명과 발전성, 그리고 창의성을 쇠퇴시킨 중요한 원인'이었다고 주장했지만 당시에는 사람들의 관심을 끌지 못했다. 1983년에는 지구화학자 제롬 느리아구Jerome Nriagu가 《고대의 납과 납중독》에서 이 이론을 다시 제기했지만 대부분의 전문가들은 받아들이지 않고 있다. 그들은 로마인들이 납중독의 존재와 증상을 잘 알고 있었으며 납 수도관이 위험할 수는 있지만 느리아구가 주장한 정도로 많은 양의 납을 섭취하지는 않았다고 주장한다. 예를 들면 로마인들이 사용하던 센물이 납으로 만든 관 내벽에 석회층을 만들어 납이 녹는 것을 방지했으며, 사파는 납으로 만든 팬이 아니라 값싼 청동으로 만든 팬으로 조리했다고 주장한다. 로마제국 몰락의 한 원인이라고 생각해온 로마 엘리트들 사이의 출산율 저하는 사회 경제적, 정치적 그리고 생태학적 원인들이 복합적으로 작용한 결과이지 심각한 질병 때문이 아니라는 것이다.

850

화약이 발명된 해

850년경에 불사약을 만들려고 시도했던 중국의 연금술사들이 최초로 화약을 발명했다. 우연히 이루어진 화약의 발명은 세계 역사를 바꾼 위대한 발명이었다.

중국의 연금술은 기원전 3세기 최초의 황제였던 진시황 시절까지 거슬러 올라간다. 영생을 간절히 바랐던 진시황은 제국 전체의 연금술사들을 시켜 불사약을 만들도록 했다. 9세기의 중국 연금술사들은 황과 염초(질산칼륨, 고대에는 새의 분비물에서 얻은)에 대하여 잘 알고 있었다. 850년경에 기록된 연금술 교재에는 미루나무를 태운 숯과 꿀, 황 그리고 염초를 섞었을 때 일어난 일이 기록되어 있다. "연기가 나다가 불이 붙었고, 손과 얼굴이 탔다. 심지어 집 전체가 타버리기도 했다."

▲ 흑색화약, 입자의 크기가 연소 속도에 영향을 주어 폭발의 성격을 결정한다.

강력한 산화제로 작용한 염초는 탄소를 폭발적으로 산화시켜 이산화탄소를 만들고, 황은 혼합물의 반응 온도를 낮추어 염초를 활성화하여 혼합물의 연소가 빠르게 일어날 수 있도록 한다.

처음에는 이 새로운 혼합물을 군사용이 아닌 살균제나 피부병 치료제로 사용했지만 11세기에 명나라가 몽골 지배자들을 몰아내기 위해 많은 양의 화약을 사용했다. 그리고 13세기에 흑색화약이 유럽에 전해졌다. 유럽에서는 화약이 오래된 성벽과 기사들의 무기를 무력화시켜 봉건 질서를 붕괴하는 데 한몫했다.

893.49

엽록체 a의 분자량(g/mol)

엽록체 a의 분자량은 893.49g/mol이다. 엽록체는 중심에 있는 마그네슘 원자와 연결된 질소 원자 고리로 이루어진 포르피린을 포함하고 있는 커다란 유기 분자다. 태양 빛의 광자를 흡수하여 전자들을 들뜬상태로 만드는 엽록체는 광합성 작용에 관여하는 중요한 분자다. 식물이 산소를 만들어낸다는 것을 알아낸 프리스틀리의 연구를 바탕으로(46쪽 참조) 1779년 얀 잉엔하우스Jan Ingenhousz가 식물의 녹색 부분에 빛을 비출 때 이런 일이 일어난다는 것을 보여주었다. 후에 이산화탄소와 물이 이 과정에 필요한 또 다른 반응물이라는 것이 알려졌고, 1893년부터는 이 과정을 광합성 작용이라고 부르게 되었다.

1818년에 피에르-조제프 펠레티에Pierre-Joseph Pelletier와 조제프-비앙에메 카벤토우Joseph-Bienaimé Caventou가 식물에서 발견된 녹색 염료를 엽록체chlorophyll라고 불렀다. 20년 후에 이 염료가 광합성 작용에 관여하는 분자라는 것을 알게 되었다.

1913년에 리하르트 빌슈테터Richard Willstätter와 아서 스톨Arthur Stoll은 엽록체에는 엽록체 a와 b라고 부르는 두 분자가 있다는 것을 알아냈다. 엽록체 a가 엽록체 b보다 더 많이 분포하며 스펙트럼에서 푸른색 쪽과 붉은색 쪽에 있는 빛을 가장 잘 흡수하고 녹색 빛을 반사한다. 식물이 녹색으로 보이는 것은 이 때문이다. 흡수된 빛의 포톤은 전자를 들뜨게 하여 이산화탄소에서 산소를 방출하고 탄소가 많은 에너지를 가지고 있는 탄화수소를 만들도록 한다. 이렇게 만들어진 탄화수소는 내호흡을 통해 에너지를 방출하게 된다.

▼ 식물의 잎이 녹색으로 보이는 것은 엽록체가 붉은색과 푸른색의 빛을 대부분 흡수하기 때문이다.

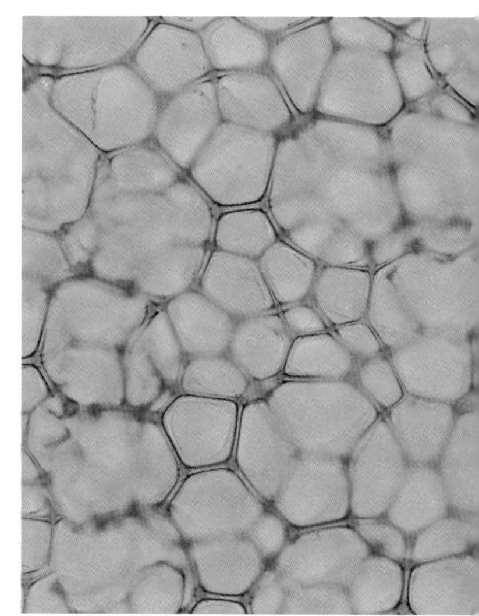

1661

보일이 《회의적 화학자》를 출판한 해

로버트 보일Robert Boyle은 영국의 부유한 가정에서 태어나 자연철학을 연구한 과학자다. 그는 색깔을 이용한 산과 염기의 시험 방법, 공기펌프, 현재 보일의 법칙으로 알려진 최초의 기체법칙(62쪽 참조) 등을 발견했다. 보일의 법칙은 기체의 부피를 반으로 압축하면 압력이 두 배가 된다는 법칙이다.

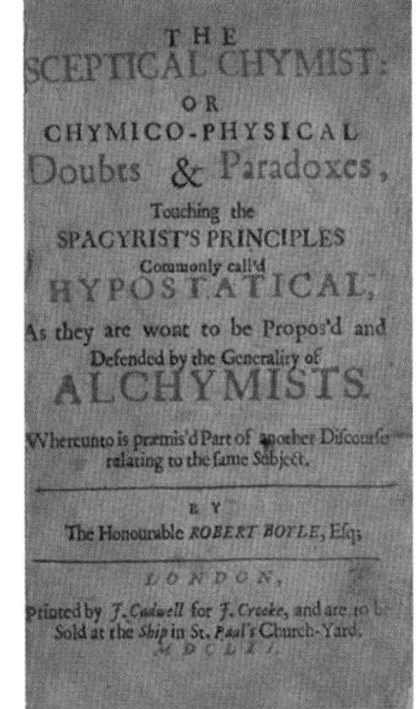
THE
SCEPTICAL CHYMIST:
OR
CHYMICO-PHYSICAL
Doubts & Paradoxes,
Touching the
SPAGYRIST'S PRINCIPLES
Commonly call'd
HYPOSTATICAL,
As they are wont to be Propos'd and
Defended by the Generality of
ALCHYMISTS.
Whereunto is præmis'd Part of another Discourse
relating to the same Subject.
BY
The Honourable ROBERT BOYLE, Esq;
LONDON,
Printed by J. Cadwell for J. Crooke, and are to be
Sold at the Ship in St. Paul's Church-Yard.
MDCLXI.

▲ 과학혁명의 핵심 역할을 한 책 중 하나인 보일의 《회의적 화학자》 표지.

보일은 그가 '은둔적 철학자들'이라고 부른 이들의 철학적 열정과 '세속적 화학자'들의 실용적인 경험을 연결시킨 사람으로도 널리 알려져 있다. 특히 자연과 원소의 수에 대한 확인되지 않은 가정들을 직접 확인해보고 싶어 했다. 철학자들은 고대 그리스의 4원소론을 받아들인 반면 세속적 화학자들은 무슬림 연금술사와 파라셀수스의 3원리설을 믿고 있었다(48쪽 참조).

두 가지 모두 옳지 않다는 것을 보여주려고 노력했던 보일은 1661년에 대화편 형식으로 이루어진 《회의적 화학자The Sceptical Chymist》(또는 《화학-물리적인 의문과 역설들》)를 출판했다. 이 책에서 그는 당시 학자들이 받아들이고 있던 생각들의 문제점을 지적하고, 진정한 의미의 원소는 아직 발견되지 않았다는 자신의 생각을 피력했다. 그는 "더 기본적인 어떤 것으로 만들어졌거나 또는 서로 섞여 만들어지지 않은 기초적이고 단순한 것으로 결합하거나 섞여 모든 물질을 만들 수 있고 모든 물질이 궁극적으로 돌아가는 것"이 원소라고 함으로써 최초로 원소를 명확하게 정의했다.

1787

기통 드 모르보 등이 《화학 명명법》을 출판한 해

1787년에 프랑스 화학자 기통 드 모르보Guyton de Morveau, 앙투안 라부아지에Antoine Lavoisier, 앙투안 프랑수아 드 푸크로이Antoine Francois de Fourcroy, 그리고 클로드 루이 베르톨레Claude Louis Berthollet는 화학 명명법의 현대적 체계를 최초로 확립한 《화학 명명법Methode de nomenclature chimique》을 출판했다.

연금술과 산업에 기원을 둔 화학에서는 물질의 기원, 색깔, 냄새나 맛, 마술적 또는 점성술적 의미, 만드는 방법, 지역 등에 따라 다른 전통에 바탕을 둔 다양한 이름들을 사용하고 있어 많은 혼란을 겪었다. 사용하는 언어나 지역, 다른 형식들 때문에 당시 같은 화학물질을 다른 이름으로 부르고 있었으며 공기, 흙, 기름과 같은 모호한 분류는 과학적으로 거의 가치가 없었다.

1782년에 예전 이름들을 물질의 조성을 반영하여 정해진 짧은 이름으로 대체해야 한다고 주장한 기통 드 모르보는 1787년에 《방법》을 출판했다. 라부아지에의 연구를 새로운 명명법 체계의 바탕으로 삼아 원소에는 독립적인 이름이 부여되어야 하고 화합물의 이름은 원소의 이름을 조합하여 만들도록 했다. 라부아지에는 《화학 원론》(136쪽 참조) 머리말에서 '잘 만들어진 과학은 잘 만들어진 언어에 의존'한다고 설명했다.

"우리는 과학과 관련된 언어 또는 명명법을 발전시키지 않고는 과학을 발전시킬 수 없다."

1789

라부아지에가 《화학 원론》을 출판한 해

1789년에 파리에서 앙투안 라부아지에는 《화학 원론Traite Elementaire de Chimie》을 출판했다. 이 책은 당시는 물론 인류 역사에서 가장 중요한 화학 교과서일 것이다.

프랑스 법률가의 아들로 태어난 라부아지에는 지질학과 광물학을 배우고 과학에 심취했다. 세금 수금 회사를 운영하여 큰돈을 벌었고, 최신 화학 실험 장비를 갖추기 위해 많은 돈을 썼다. 라부아지에의 어린 아내 마리 안은 그의 연구와 논문 작성 과정에 많은 도움을 주었다(71쪽 참조).

알고 있는 것에서 모르는 것으로

과학혁명의 열정적인 개척자였던 라부아지에는 생각하기 전에 관찰하고 실험하라는 철학을 가지고 있었다. 후에 그는 "우리는 실험이나 관찰의 결과와 즉각적인 효과에 대해 예측하지 말아야 한다. …… 우리는 알고 있는 사실을 바탕으로 알지 못하는 것으로 나아가야 한다"라는 기록을 남겼다. 그는 블랙과 프리스틀리가 발견한 기체에(36쪽과 46쪽 참조) 이 원칙을 적용하여 플로지스톤설의 기반을 흔들고, 연소가 어떻게 산화와 관련이 있는지를 보여주었으며, 원소에 대한 보일의 정의(134쪽 참조)를 발전시켜 원소와 화합물의 목록을 만들었다. 또 사용 가능한 지식과 기술의 한계로 자신의 원소 목록이 완전하지 않다는 것을 인정하면서 이 목록은 확장되고 수정되어야 할 것이라고 했다.

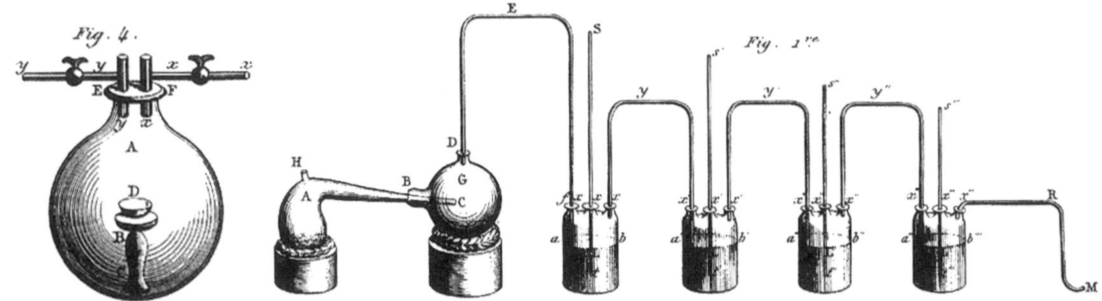

▲《화학 원론》에 실린 마리 안 라부아지에의 그림. 그녀는 남편을 도와주기 위해 필요한 미술 기법을 공부했다(71쪽 참조).

연구 방향을 바꾸다

1787년에 라부아지에는 모라보 등과 함께 과학적 명명법의 새로운 체계를 제안했다(135쪽 참조). 새로운 명명법은 화학을 엄격한 과학 분야로 확립시키고, 열, 연소, 화합물과 산성에 대한 자신의 이론을 확실하게 하기 위한 것이었다. 2년 후, 이전에 출판했던 책의 후속 연구로 그는 좀 더 긴 책을 쓰기 시작했다. 이에 대해《화학 원론》서문에서 그는 "내가 화학 명명법을 만드는 일과 화학 용어를 정리하는 일에 너무 많은 시간을 사용하고 있으며, 이보다 더 중요한 일을 해야 한다는 생각이 들자《화학 원론》의 원고를 쓰는 일을 시작하게 되었다"라고 설명했다.

그렇게 해서 나온 책은 그 시대의 가장 영향력 있는 교과서가 되었고, 전체 화학 역사를 통해서도 가장 중요한 책이 되었다. 이 책은 화학의 기초를 닦았을 뿐만 아니라 이후의 화학에도 큰 영향을 끼쳤다. 험프리 데이비 등에게도 큰 영향을 미친《화학 원론》은 그 후 오랫동안 화학에서 해야 할 일을 제시했다.

그의 머리가 잘리다

라부아지에는 자신이 노력한 결과를 볼 수 있을 만큼 오래 살지 못했다. 프랑스 혁명 후 잠시 동안 혁명정부에서 과학에 사용하는 단위 체계를 정비하는 등 열심히 일했지만 세금 수금 회사를 운영했다는 이유로 1794년 5월 8일 단두대에서 처형당했다. 그의 동료 조제프 루이 라그랑주Joseph Louis Lagrange는 "그의 머리를 자르는 데는 한순간밖에 안 걸리지만 100년이 걸려도 그와 같은 사람을 다시 얻을 수 없을 것이다"라고 한탄했다.

1808

돌턴이 《화학의 새로운 체계》를 출판한 해

존 돌턴John Dalton은 과학적 업적뿐만 아니라 돌턴 자신도 화학은 물론 과학 전반의 역사에서 가장 중요한 사람 중 하나다. 1766년 가난한 퀘이커 교도의 아들로 태어난 돌턴은 화학자, 물리학자, 기상학자이자 원자설의 제창자이기도 하다. 또한 색맹이었던 그는 색각장애에 대해 연구했고 맨체스터문학철학학회 회원이었으며 회장으로 선출되기도 했다.

원자론

원자론은 물질이 '원자'라고 하는, 더 이상 쪼갤 수 없는 알갱이로 이루어졌다는 이론이다. 원자를 나타내는 영어 단어 'atom'은 그리스어에서 '나눌 수 없는'이라는 뜻을 가진 말에서 유래했다. 고대 그리스에 등장했던 원자론은 보일과 뉴턴이 다시 제기하기도 했지만 원자와 같이 작은 입자들의 성질을 증명할 수 없었던 화학자들에게 별다른 의미를 가지지 못하는 이론으로 남아 있었다. 그러나 돌턴의 발견으로 원자론이 정량적인 실험을 통해 발견한 중요한 법칙들을 설명할 수 있다는 것을 알게 되었다.

원자론은 당시 가장 쟁점이 되었던 문제를 해결하고, 물질에 대한 새로운 이해의 문을 열었다. 당시 화합물은 여러 원소들이 임의의 비율로 결합하여 만들어지느냐 아니면 고정된 비율로만 결합하느냐 하는 화합물의 형성에 대해 논쟁 중이었다. 화학반응에 참여하는 물질들의 무게를 측정한 결과에 의하면, 원소들은 1:1 또는 2:1과 같이 간단한 정수비로만 결합했다. 돌턴이 볼 때 이것은 원자론으로만 설명할 수 있었다. 원자론에 의하면, 원소들은 원자라는 작은 알갱이로 이루어져 있어 고정된 비율로만 결합할 수 있었다.

▲ 언어와 관습의 문제를 극복하기 위해 돌턴이 고안한 보편적인 과학적 표기법 체계. 식자공의 어려움 때문에 이 체계는 곧 복잡한 구조를 가진 분자를 나타내는 데 사용되지 않게 되었다(148쪽 참조).

궁극 입자들

돌턴은 1908년에 출판된 《화학의 새로운 체계》에 완전히 정리된 원자론을 실었다. 이 책에서 그는 화학에서 원자의 의미를 '균일한 물질로 이루어진 궁극 입자들은 무게와 모양 등이 똑같다. 다시 말해 물의 모든 입자들은 모두 같다. 수소의 입자들은 모두 같다'라고 정의했다. 또한 이 입자들은 창조되거나 파괴될 수 없으며 물질의 보존 법칙에 따라야 한다고 했다.

"화학의 범주 안에서는 물질의 창조나 파괴는 가능하지 않다. 수소 원자를 만들거나 창조할 수 없는 것은 태양계에 새로운 행성을 추가하거나 이미 존재하는 행성을 없앨 수 없는 것과 같다."

원자의 무게

이런 원자론의 원칙을 기초로 하여 돌턴은 알려진 원소의 목록을 그림으로 나타내고 이 원소들에 상대적인 무게(현재는 상대적인 원자량이라고 부르는, 20쪽 참조)를 부여했다. 그러나 그는 자연은 항상 단순성을 가지고 있다는 가정하에 물 분자는 하나의 수소와 하나의 산소 원자가 결합하여 만들어진다고 생각했다. 그는 가장 가벼운 원소인 수소를 1로 정하고 물에서 수소와 산소의 무게가 1 : 8이라는 것을 알고 있었으므로 산소의 무게를 8이라고 했다. 그다음에는 산소의 무게를 이용하여 다른 원자의 무게를 정했다. 그러나 이런 방법으로는 원자들의 무게가 실제 값에서 두 배나 멀어지기 시작했다. 원소의 표기법 체계를 정의하려는 그의 노력에서도 문제가 생기기는 마찬가지였다. 돌턴은 그의 이론에 따라 배열된 원소들로 이루어진 화합물을 그림을 이용하여 나타내려고 했지만 인쇄업자들이 사용하기에 불편했다.

1828

뵐러가 요소를 합성한 해

1828년 독일의 화학자 프리드리히 뵐러Friedrich Wohler는 우연히 유기물질을 합성하여 화학의 새로운 역사를 열었다. 이는 유기물은 특별한 생명의 기에 의해서만 만들어진다는 생기론의 종말을 알리는 사건이었다. 생화학의 역사에서 가장 위대한 토론 중 하나는 생기론자와 기계론자들 사이에 오간 토론이었다. 생기론자들은 살아 있는 생명체는 유기화학에서 다루는 복잡한 분자를 만들 수 있는 특별한 능력이나 기를 가지고 있다고 믿었다. 따라서 이러한 물질은 실험실에서 합성할 수 없다고 주장했다. 그러나 기계론자들은 어떤 과정도 재현할 수 없을 정도로 복잡하지 않고, 생명체가 특별한 성질이나 기를 가지고 있지 않으며, 모든 물질은 화학반응을 이용해 충분히 설명할 수 있다고 믿었다. 따라서 모든 물질은 이론적으로 실험실에서 합성할 수 있다고 주장했다.

프리드리히 뵐러는 최초로 화합물에서 알루미늄을 분리해내고 곧이어 1828년 암모늄 시안산염을 만들려던 중 시안산염을 만들려고 준비했던 물질을 결정으로 만들자 1773년에 처음 소변에서 분리해낸 유기물인 요소 결정과 똑같은 결정이 만들어진 것을 발견하고 크게 놀랐다. 그는 후원자였던 베르셀리우스에게 다음과 같이 보고했다.

"저는 너무 흥분되어 더 이상 이 화학물질을 들고 있을 수 없습니다. 저는 사람이나 개의 신장 없이도 요소를 만들 수 있다는 것을 알려드리지 않을 수 없습니다. 시안산의 암모늄염이 요소입니다."

뵐러의 요소 합성은 한 방에 생기론을 날려버렸다고들 말한다. 그러나 실제로는 기계론자들이 수십 년 동안 점진적으로 이 논쟁에서 승리를 거두었다.

1839

찰스 굿이어가 가황고무를 발명한 해

1830년대에 미국에서는 고무 붐이 일었다. 그러나 천연고무는 열을 가하면 탄력성을 잃는 심각한 단점을 가지고 있었다. 열 때문에 고무의 성질이 바뀌는 것이다. 추운 곳에서는 잘 부서졌고, 열을 가하면 쉽게 녹았다. 그리고 1834년의 더운 여름이 '고무 열병'을 사라지게 했다. 그러나 빚에 시달리던 발명가 찰스 굿이어Charles Goodyear는 천연고무의 단점을 개선하면 돈을 벌 것이라고 생각했다.

그래서 5년 동안 여러 가지 물질을 첨가하여 실험했지만 개선된 고무를 만드는 데 실패해 굿이어는 절망에 빠졌다. 그러다 1839년 우연히 황을 첨가한 고무 껌으로 문제를 해결하는 데 성공했다. 당시 가정용품 판매점에서 일하던 굿이어는 황을 첨가한 껌 샘플을 뜨거운 난로 위에 떨어뜨렸다가 난롯불에 가열된 껌의 표면이 그가 찾고 있던 상태로 변하자 후속 실험을 통해 황과 함께 가열한 고무 껌은 인장력이 늘어나고, 흠집이 잘 생기지 않으며, 결정적으로 열이나 추위에서도 탄력을 유지한다는 것을 알아냈다. 로마신화의 불의 신 불카누스의 이름을 딴 vulcanisation(가황 과정) 과정을 통해 평행하게 배열된 긴 고무 고분자가 황과 서로 교차하도록 결합하면서 여러 개의 분자들을 하나의 거대하고 탄력성 있는 분자로 바꾸어놓은 것이다.

굿이어는 이 발견이 우연이 아니며 이와 같은 사건은 "결론을 이끌어낼 마음 상태를 가지고 있는 사람"에게만 중요한 의미를 가질 수 있다고 말했다. 즉 "어떤 문제를 해결하기 위해 끈질기게 노력"하는 사람에게만 기회가 온다는 것이다.

1856

험프리 헨리 퍼킨이 최초의 합성 염료인 모베인을 합성한 해

1856년에 영국의 화학자 윌리엄 헨리 퍼킨William Henry Perkin은 우연히 아닐린 퍼플 염료를 합성하여 유기화학 산업 분야에서의 혁명을 시작했다.

19세기에 산업혁명이 시작되면서 화학 산업은 그 선봉에 서게 되었다. 현재는 세계에서 가장 큰 산업 중 하나인 화학 산업은 런던 동쪽 스테프니의 정원 오두막에서 시작되었다. 이곳에서 당시 열여덟 살이었던 윌리엄 헨리 퍼킨은 아닐린으로부터 말라리아 치료제인 키니네를 합성하려다가 우연히 염료를 합성하게 되었다. 실험이 실패한 후에 플라스크를 알코올로 씻던 퍼킨은 찌꺼기가 엷은 자주색을 띠고 있는 것을 발견하고 친구들과 함께 집에서 재처리해보았다. 그리고 최초의 합성염료인 아닐린 퍼플을 합성하는 데 성공해 모베인이라는 상품명으로 판매되었다.

퍼킨의 발명은 시의적절했다. 산업혁명이 본격적으로 진행되면서 원료로 사용할 콜타르가 대량으로 생산되었으며, 의복 공장이 대규모 생산 시설을 갖추고 값싸고 아름다운 색깔의 옷을 생산하고 있었다. 이전의 자주색 염료는 너무 비쌌던 만큼(153쪽 참조) 모베인은 큰 인기를 끌었다. 1862년 빅토리아 여왕은 이 염료로 염색한 가운을 입고 왕립 전시장에 나타났다. 퍼킨은 그랜드 유니언 운하 둑에 염료 공장을 설립하고 브리타니아 바이올렛, 퍼킨의 그린을 포함한 많은 새로운 염료를 개발했다. 이때 당시 운하의 물이 매주 다른 색깔로 물들여졌다는 이야기가 전해진다.

1862

케쿨레가 벤젠 구조의 꿈을 꾼 해

거의 30년이 지난 뒤 케쿨레는 다음과 같이 설명했다. 1862년에 아우구스트 케쿨레August Kekule는 불 앞에 놓인 안락의자에 앉아 낮잠을 자다가 몸을 고리 모양으로 둥글게 말고 입으로 자신의 꼬리를 물고 있는 뱀의 꿈을 꾸었다. 이 꿈 덕분에 그는 벤젠의 구조를 밝혀낼 수 있었다.

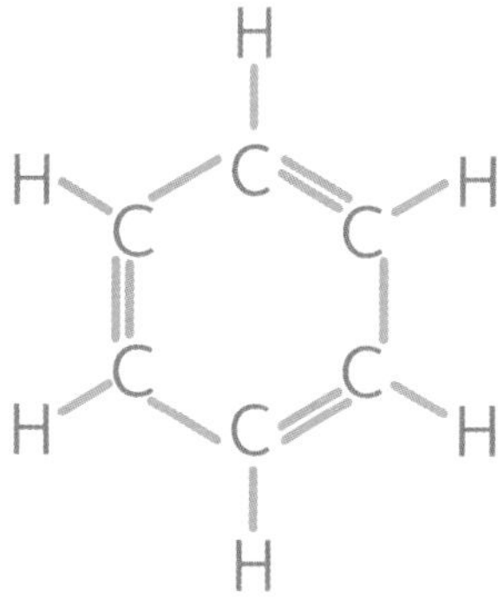

▲ 유기화학자 케쿨레의 제안에 의한 벤젠의 구조. 고리 안 원자들 사이의 실제 결합은 그가 제안했던 것보다 훨씬 유동적이어서 현대에는 육각형 안에 원을 그려 넣는 방법으로 벤젠고리를 나타내고 있다.

벤젠은 여섯 개의 탄소 원자와 여섯 개의 수소 원자로 이루어진 유기 분자다. 1825년 마이클 패러데이Michael Faraday가 발견했고, 후에 콜타르에서 대량으로 분리된 벤젠은 여러 가지 중요하고 유용한 유기 화학물질의 원료로 사용된다. 또 자체로도 유용한 물질로, 많은 사람의 주목을 받았다. 분자량(78) 측정을 통해 분자식(C_6H_6)이 밝혀졌지만 이는 화학자들을 당황스럽게 했다. 탄소는 다른 원소와 네 개의 결합을 형성할 수 있다는 것을 보여주었던 독일 화학자 아우구스트 케쿨레는 1858년에는 탄화수소는 일반적으로 탄소 원자의 사슬을 통해 형성된다는 것을 보여줌으로써 유기화학 분야에서 커다란 진전을 이뤘다. 사슬의 끝이 아닌 중간에 있는 탄소 원자들은 네 개의 결합 중 두 개를 다른 탄소 원자들과의 결합에 사용하여 사슬을 만든다. 이 규칙에 의하면 여섯 개의 탄소 원자를 가지고 있는 탄화수소는 열네 개의 수소를 가지고 있어야 했고, 따라서 분자량은 86이어야 했지만 벤젠의 분자량은 78이었다.

우로보로스 고리

뉴턴의 사과 이후 가장 널리 알려진 과학 이야기에 의하면, 케쿨레는 꿈을 통해 이 수수께끼의 해답을 찾아냈다. 케쿨레가 1890년에 벤젠 심포지엄에서 한 이야기에 의하면, 그는 영감을 주는 꿈을 두 번 꾸었다.

첫 꿈은 1854년에 다인승 마차 위에서 낮잠을 자다가 꾼 것이었다. 작은 원자들이 사슬을 이루고 있는 커다란 원자들 양쪽 끝에 모여 춤을 추는 꿈이었다. 케쿨레는 이 꿈이 1858년에 그가 밝혀낸 탄화수소 구조에 대한 영감을 주었다고 했다. 두 번째 꿈은 1861~1862년 겨울에 불 앞에서 자다가 자신의 꼬리를 물고 있는 뱀을 본 꿈이었다. 카를 융Carl Jung과 다른 심리학자들은 자신의 꼬리를 물고 있는 뱀을 자연의 일치를 의미했던 우로보로스Ouroboros라고 부르는 고대 연금술사들의 상징과 연결시켰다. 꿈에서 깬 케쿨레는 벤젠의 탄소 원자들이 우로보로스와 같은 고리를 형성하고 있다는 것을 깨달았다. 이것은 탄소 원자들이 이웃 탄소 원자들과 단일결합을 하는 대신 세 개의 탄소 원자는 이중결합을 하고 있다는 것을 의미했다. 따라서 수소 원자들과 결합할 여섯 개의 결합이 남게 된다.

1964년에 출판한 《창조적 활동》에서 아서 케스틀러Arthur Koestler는 케쿨레의 꿈을 "요셉이 꾼 여섯 마리의 살찐 암소와 여섯 마리의 마른 암소 꿈 이후 역사상 가장 중요한 꿈"이라고 했다.

꿈은 사기극인가?

실제로 케쿨레의 꿈은 매우 의심스럽다. 서던 일리노이 대학의 화학 교수 존 보티즈John H. Wotiz는 케쿨레의 꿈 이야기가 케쿨레 이전에 이미 벤젠의 고리 구조를 알아냈던 스코틀랜드의 아치볼드 쿠퍼Archibald Couper, 오스트리아의 요제프 로슈미트Joseph Loschmidt, 프랑스 화학자 오귀스트 로랑Auguste Laurent과 같은 화학자들에게 진 빚을 은폐하기 위해 꾸며낸 이야기일 가능성이 크다고 했다. 로랑이 1854년에 파리에서 발간된 학술지 《화학 방법》에 발표한 논문에는 탄소 원자들이 육각형 모양으로 배열된 벤젠의 구조 그림이 포함되어 있었다.

1869

멘델레예프가 주기율표를 발견한 해

1869년에 러시아 화학자 드미트리 멘델레예프Dmitri Mendeleev는 주기율표 또는 주기율이라고 알려진 원소의 주기적인 성질을 알게 되었다. 주기율표에는 원소들이 물리 화학적 성질에 따라 몇 가지 그룹으로 나누어 배열되어 있다.

▲ 러시아 화학의 거인인 멘델레예프가 69세이던 1869년에 찍은 사진.

주기율표는 화학에서 이루어낸 가장 위대한 성취이자 가장 중요한 발견이었다. 주기율표에는 그 당시까지 알려졌던 원소에 관한 모든 지식이 종합되어 있었으며, 다음 150년 동안에 이루어진 많은 발견들을 설명할 수 있도록 도와주었다. 멘델레예프는 3일 동안 책상 앞에 앉아 당시까지 알려져 있던 모든 원소들의 이름과 원자량이 적혀 있는 카드를 배열해보고 주기율표를 발견했다. 그는 3일째 되는 날 저녁 "꿈에 모든 원소들이 제자리에 배열되어 있는 테이블을 보았다. 꿈에서 깬 나는 그것을 종이 위에 적어놓았다"고 회상했다. 그가 그린 주기율표에는 원소들이 원자량 순서대로 행과 열에 배열되어 있었다. 이것은 원소들의 성질이 주기적으로 반복된다는 것을 뜻했다.

땅의 나선

멘델레예프의 연구는 프랑스 지질학자 알렉상드르 샹쿠르투아Alexandre Chancourtois 같은 사람들의 연구를 바탕으로 하고 있다. 1860년에 개최되었던 카를스루에 회의에서 아보가드로의 이론을 받아들인 후(77쪽 참조) 원자량과 관련된 많은 오류들이 수정되었다. 새로운 정보로 무장한 샹쿠르투아는 원소들을 수정된 원자량 순서대로 배열했다. 이 원소표에는 여기저기 빈자리가 남아 있었는데 그는 자신이 만든 원소표를 땅의 나선telluric screw이라고 불렀다. 그가 만든 복잡한 원소표에는 원소들이 나선형 나사 모양으로 배열되어 있었기 때문이다. 이 원소표에서 원소들의 성질은 16원자량을 주기로 반복되고 있었다. 불행하게도 지질학자였던 샹쿠르투아의 학문적 배경과 그가 사용한 모호한 용어, 그리고 논문에 설명을 보충할 표가 포함되지 않아 그의 연구는 사람들의 주목을 받지 못했다.

제안된 체계

그러나 이 논문을 읽은 사람 중 하나가 멘델레예프였다. 부지런한 화학자 멘델레예프는 '과학의 기초를 이루고 있는 철학적 원리'를 연구하기로 마음먹었다. 1869년에 새로운 교과서를 준비하던 멘델레예프는 원소들을 몇 가지로 분류할 수 있다는 것을 알게 되었다. 원자량 순서대로 배열할 수 있는, 적어도 세 가지 그룹(할로겐, 산소 그리고 질소 그룹)이 있다는 것을 알아낸 멘델레예프는 샹쿠르투아의 연구를 염두에 두고 모든 원소를 포함할 수 있도록 범위를 넓혔다. 원소 카드를 만들어 배열하려고 노력하던 그는 꿈에서 답을 얻고 1869년 〈원소에 대한 제안된 체계〉라는 제목의 논문을 발표하며 현재의 주기율표와는 행과 열이 바뀐 주기율표를 제안했다. 이 주기율표에는 원소들이 원자량 순서대로 위에서 아래로 배열되어 있었다. 따라서 같은 행에는 성질이 같은 원소들이 놓였다. 또 일곱 행이 포함되어 있었다. 여덟 번째 행에 들어갈 불활성기체는 아직 발견되기 전이었기 때문이다. 그리고 각 행에는 원자가가 1에서 4까지 그리고 다시 1의 순서로 배열되어 있었다. 일부 원소가 제자리에서 벗어나 있는 것처럼 보이고 빈자리도 남아 있었지만 멘델레예프는 새로운 원소들이 빈자리를 채울 것이라고 예측했다(88쪽 참조). 그는 "일부 명확하지 않은 부분이 있기는 하지만 이 법칙이 보편적인 법칙이라는 것을 의심하지 않는다. 이것은 우연한 결과일 수 없기 때문이다"라고 확신했다.

▼ 슬로바키아 브라티슬라바에 있는 멘델레예프와 그의 주기율표 기념물.

1,913

트립토판 신테타제의 공식 화학 명칭의 글자 수

효소 트립토판 신테타제의 정식 화학 명칭은 거의 2000글자를 포함하고 있다. 적어도 복잡한 유기물질의 긴 이름 문제를 해결하기 위해 새로운 명명법이 도입되기 전까지는 그랬다.

트립토판 신테타제는 반응물을 획득하여 활성 부분으로 유도해 단백질 합성에 관여하는 효소다. 이 효소는 반응 단계를 조절하고 생성물을 이동하고 분배하는 데도 관여한다. 트립토판 신테타제는 아미노산인 트립토판 합성의 마지막 단계에 촉매로 작용한다. 단백질은 아미노산이라는 구성 요소들이 여러 개 결합하여 만들어진 커다란 분자다. 1960년대에는 단백질 구조 규명 연구 결과를 발표할 때는 포함된 모든 아미노산의 이름을 열거하는 것이 관례였다. 트립토판 신테타제는 267개의 아미노산으로 구성되어 관례에 따라 메티오닐글루타미닐아르기닐티로실글루타미닐(……methionyl**glutaminyl**arginyl**tyrosyl**glutamyl……)처럼 267개 아미노산의 이름이 모두 포함되어 있었다. 이 효소에 포함된 처음 다섯 아미노산의 명칭에서 보듯 공식 명칭에서는 반복적으로 굵은 글씨를 써서 아미노산을 구분했다. 그 결과, 1913글자가 포함된 너무 긴 전체 이름을 여기에 소개하지는 못했다.

이것은 다루기 어려울 뿐만 아니라 유용하지도 않아 관례가 바뀌게 되었다. 트립토판 신테타제는 관례가 바뀌기 이전에 명명된 가장 긴 이름을 가진 단백질로, 이 효소의 이름은 영어에서 가장 긴 단어로 취급되고 있다. 오늘날 사용하는 이 효소의 공식 명칭은 L-세린 하이드로리아제(L-serine hydro-lyase)다.

2,000

베르셀리우스가 준비하고 정제하고 분석한 화합물의 수

옌스 야코브 베르셀리우스Jöns Jakob Berzelius는 유럽의 중심에서 멀리 떨어져 있었지만 19세기 초에 20년 이상 화학계를 이끈 스웨덴의 화학자다. 베르셀리우스와 그의 연구팀은 2000개 이상의 새로운 원소와 화합물을 발견했다. 돌턴이 《화학의 새로운 체계》를 출판한 것과 같은 해인 1808년에 베르셀리우스는 《화학 교과서Lärboki Kemien》 초판을 출판했다.

▲ 의사가 되기 위한 훈련을 받은 베르셀리우스는 광산 소유주가 그의 천재적 분석 능력을 알아본 후 과학적 화학의 기초를 확립한 화학자가 되었다.

교수로 임명된 베르셀리우스는 강의에 사용할 적당한 스웨덴어 교재를 찾지 못하자 스스로 만들기로 했다. 그 결과 베르셀리우스는 다음 20년 동안 유럽 화학계를 지배하게 되었다. 열심히 일하고 실험을 좋아하던 그가 꾸준히 개정한 《화학 교과서》는 여러 나라 언어로 번역되었고, 유럽 전체에서 많은 학자들에게 연구 과제를 제안했다. 베르셀리우스의 가장 중요한 공헌은 그가 돌턴의 연구 결과를 읽으면서 표기법에 문제가 있다는 것을(139쪽 참조) 알고 나서 제안한 새로운 명명법이다. 라부아지에 등이 제안한 프랑스의 명명법은 언어와 지역에 따른 차이로 점차 불협화음 속에 빠져들던 중이었으며 책을 준비하는 동안 베르셀리우스도 화학의 복잡한 명명법 때문에 어려움을 겪어야 했다.

라틴어 표기법

이 문제를 해결하기 위해 베르셀리우스는 새로운 표기법을 개발했다. 베르셀리우스는 같은 스웨덴 사람으로 생물학의 표준이 된 라틴어 명명법을 고안한 린네Linné의 체계에서 힌트를 얻었다. 베르셀리우스는 그가 관여한 모든 원소에 라틴어에 어원을 둔 이름을 부여하고, 첫 글자나 처음 두 글자를 그 원소의 기호로 정했다. 따라서 소다에서 분리했기 때문에 소듐이라고 불리던 나트륨을 나트론이라는 고대의 이름을 따라 나트륨이라 부르게 되었고, 원소 기호는 Na가 되었다. 철에는 라틴어 이름인 ferrum이라는 이름을 부여했다. 따라서 원소기호는 Fe가 되었다. 화합물은 원소기호를 결합하여 나타냈다. 베르셀리우스는 화합물 안에 포함된 원소의 수를 나타내기 위해 위첨자와 아래첨자를 사용하기 시작했다. 처음에는 위첨자를 사용했지만 (따라서 이산화황은 SO^2였다), 후에는 원소기호 위에 점을 찍어서 나타냈다. 이것이 현대에 와서 화합물을 나타낼 때 원소기호 다음에 아래첨자를 이용하는 것으로 바뀌었다. 이런 생각들은 그가 쓴 《화학 교과서》를 통해 유럽 전역에 전파되었다.

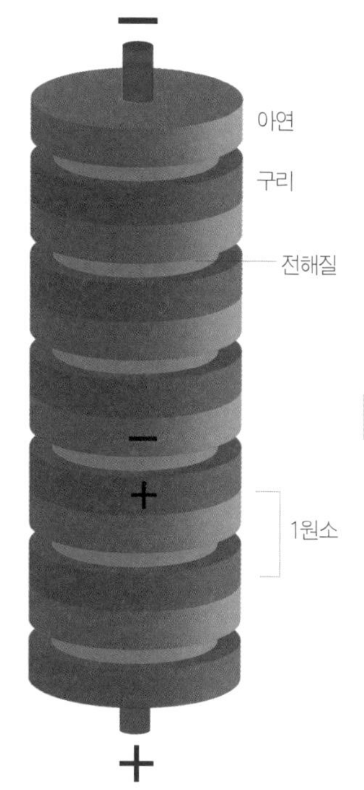

▲ 베르셀리우스가 연구에 사용한 것과 같은 두 가지 다른 금속판을 교대로 쌓고 그 사이에 전해질에 담근 패드를 끼워 넣은 볼타전지.

화학결합을 설명한 베르셀리우스

베르셀리우스와 그의 연구팀은 화학을 체계적으로 정리하여 학문적 권위를 부여하는 역할을 했을 뿐만 아니라 많은 새로운 원소와 화합물을 발견하고, 분리해냈다. 그들이 발견한 원소와 화합물에는 세륨, 셀레늄, 토륨, 리튬, 규소, 바나듐과 란탄 계열 원소들이 포함되어 있다(55쪽 참조). 베르셀리우스는 정밀한 측정 능력과 정량적 분석력을 이용하여 그 당시에 가장 믿을 수 있는 원자량 목록을 만들었다. 데이비처럼 화학에서 볼타전지의 중요성을 금방 알아차린 그는 전기화학 실험을 통해 (−)전하와 (+)전하를 띤 원자 사이의 전기적 인력이 모든 화학결합의 기초라는 이론을 제안했다.

1835년에 남작이 된 그는 많은 업적을 남기고 1848년에 사망했다. 베르셀리우스의 말년은 젊은 화학자들의 새로운 발견과 이론 때문에 그의 업적이 밀려나면서 점점 소외되어 씁쓸하게 보내야 했다.

3,550

모든 원소 중에서 녹는점이 가장 높은 탄소의 녹는점(℃)

비교적 높은 압력인 10기압에서 흑연 상태의 탄소의 녹는점은 3550℃(3823K)다. 정상적인 압력에서는 탄소가 녹지 않고 고체에서 직접 기체로 승화한다.

탄소는 많은 독특한 성질을 가지고 있으며, 그중에는 탄소만 유일하게 가지고 있는 성질도 있다. 탄소는 흑연, 다이아몬드, 그래핀, 나노튜브, 버키볼이라고도 불리는 풀러렌과 같은 여러 가지 안정한 동소체를 가지고 있다. 가장 흔한 탄소의 동소체는 흑연이다. 탄소 동소체의 물리적 성질은 매우 다양하다. 예를 들어 흑연은 연필에 사용할 정도로 연하지만, 다이아몬드는 우주에서 가장 단단한 물질 중 하나다(64~65쪽 참조).

탄소는 모든 원소 중에서 가장 높은 녹는점/끓는점 그리고 승화점을 가지고 있다. 그래핀 상태의 탄소는 정상 압력에서는 녹지 않지만 3825℃(4098K)에서는 고체에서 직접 기체로 승화한다. 다이아몬드의 녹는점은 이보다 높다. 공기 중에서 다이아몬드를 가열하면 800℃에서 연소하기 때문에 증발하기 전에 타버린다. 다이아몬드는 모든 원소 중에서 열전도도가 가장 높다. 다시 말해 어떤 원소보다도 열을 잘 전달한다. 상온에서 다이아몬드의 온도는 우리 체온보다 낮기 때문에 다이아몬드와 접촉하면 얼음이나 차가운 금속보다 우리 몸의 열을 잘 빼앗아간다. 따라서 다이아몬드는 차갑게 느껴진다. 다이아몬드를 속어로 '아이스'라고 부르는 것은 이 때문이다.

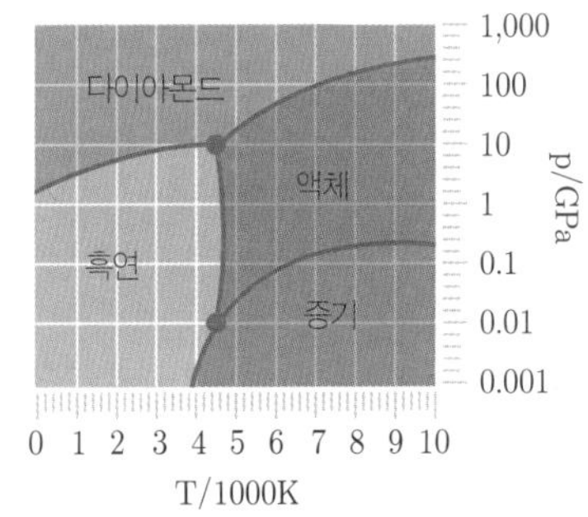

▲ 압력과 온도에 따라 동소체가 어떻게 달리지는지를 보여주는 탄소의 상태도. 정상 압력에서(이 그래프에서 y축의 가장 아래쪽) 그래핀의 상태 경계는 고체와 기체 사이에 있다. 다시 말해 그래핀은 높은 온도에서 녹는 것이 아니라 승화한다.

4,184
열의 일당량

라부아지에는 플로지스톤설을 폐기했다(23쪽 참조). 그리고 플로지스톤 대신에 열과 관계된 현상을 설명하기 위해 또 다른 가상의 물질인 열소를 제안했다. 열소를 나타내는 영어 단어 'caloric'은 '열'을 의미하는 라틴어에서 유래했다. 열소는 일종의 유체라고 생각했다. 라부아지에가 처형되고(136쪽 참조) 4년 후에 그가 개발을 도왔던 미터법이 프랑스에서 도입되었다. 그 후 곧 어떤 사람이(누군지 알려지지 않은) 1kg의 물의 온도를 1℃ 높이는 데 필요한 열량을 '칼로리(cal)'라고 부르기 시작했다. 후에 칼로리가 1g의 물의 온도를 1℃ 높이는 필요한 열량으로 나타내는 것으로 바뀌었다. 따라서 물 1kg을 1℃ 높이는 데 필요한 열량은 1kcal가 되었다. 그런데 미국에서 1kcal를 Cal로 나타내기 시작해 사람들을 혼란스럽게 했다.

그동안 영국의 양조업자 겸 화학자였던 제임스 프레스콧 줄James Prescott Joule은 일련의 정교한 실험을 통해 열에너지도 역학적 에너지나 전기에너지로 바뀔 수 있다는 것을 보여주었다. 열이 출입할 수 없는 닫힌계를 단순히 휘젓는 것만으로 열을 발생시키는 이 실험은 열소설을 폐기시켰다. 그는 파운드/화씨온도(lb/°F)라는 단위를 사용했지만(아직도 영국에서서는 BTU라는 단위를 사용하고 있다), 후에 에너지를 나타내는 그의 이름을 딴 SI 단위가 사용되기 시작했다. 1줄(J)은 1N의 힘으로 1m를 이동할 때 한 일과 같은 크기의 에너지를 나타낸다. 1칼로리(cal)는 4.2J과 같고, 1kcal는 4184J과 같다.

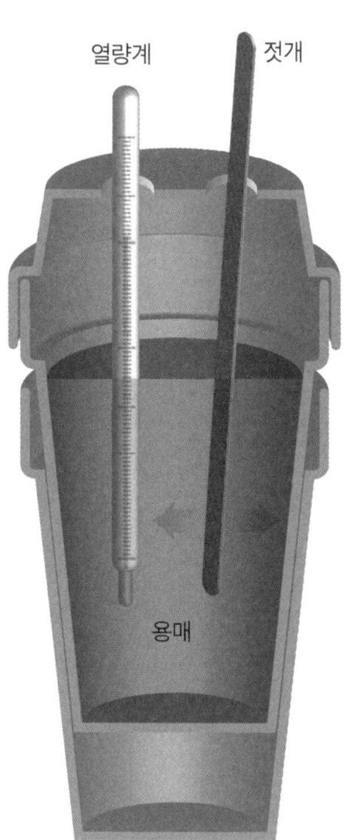

▲ 줄이 사용했던 것과 같은 열량계를 만드는 간단한 방법. 스티로폼 컵이 전체를 단열하고, 젓개로 저어 에너지를 공급해 열량계로 측정하는 온도 변화를 유도할 수 있다.

5,730

탄소-14의 반감기(년)

원자량이 14인 탄소의 동위원소를 탄소-14라고 한다. 탄소-14는 반감기가 5730년인 방사성동위원소로 탄소연대측정법(탄소동위원소법/방사성탄소연대측정법)에 널리 사용되고 있다.

자연에는 탄소-12, 탄소-13, 탄소-14의 세 가지 탄소 동위원소가 있다. 탄소-14는 자연에 존재하는 탄소의 100만분의 1 정도를 차지하고 있다. 따라서 100만 개의 이산화탄소 분자 중에는 탄소-14를 포함한 이산화탄소 분자가 하나 들어 있다. 탄소는 공기 중의 이산화탄소를 고정하는 식물의 탄소동화작용을 통해 먹이사슬로 들어오기 때문에 살아 있는 생명체의 몸에는 공기에서와 같은 비율의 탄소-14가 포함되어 있다. 그러나 탄소-14는 반감기가 5730년인 방사성동위원소이기 때문에 5730년이 지나면 분자 수가 반으로 줄어든다. 생명체가 죽는 순간 공기 중의 방사성동위원소가 더 이상 유입되지 않으므로 생명체 안에 포함된 탄소-14의 양은 줄어들기 시작한다. 따라서 탄소-12와 탄소-14의 원래 비율이 달라지기 시작한다. 처음 비율이 약 100만분의 1이라는 것을 알고 있으므로 죽은 생명체에 포함된 현재의 두 동위원소의 비율을 측정하면 이 생명체가 얼마나 오래 죽어 있었는지 알아낼 수 있다.

이것은 고고학자들의 유물 연대 측정에 탄소가 강력한 도구가 될 수 있다는 것을 증명했다. 탄소연대측정법을 이용하면 5만 년 전 생명체까지 연대를 측정할 수 있는 만큼 나무, 뼈, 뿔, 꽃가루, 섬유, 숯, 염료 또는 다른 고고학적 유기물과 같은 생명체 잔유물의 연대를 통해 함께 발견된 석기와 같은 다른 유물의 연대도 알 수 있다.

12,000

1.4g의 티리언 퍼플 염료를 얻는 데 필요한 달팽이의 마릿수

티리언 퍼플은 청동기 시대부터 사용해온 짙은 보라색 염료로 강렬한 색깔을 냈고, 잘 바래지 않았으며, 희귀했기 때문에 고대인들은 보물로 취급했다. 따라서 합성염료가 사용되기 이전 색깔이 옷의 가치를 결정하던 시기에 가장 유명한 염료였고, 사람들이 가장 선호했다. 해양 연체동물, 특히 뿔고둥의 아가미 아래샘에서 채취되었던 1.4g의 티리언 퍼플 염료를 얻기 위해서는 1만 2000마리의 달팽이가 필요하기 때문에 아주 비쌌다.

헤라클레스의 선물

그리스 신화에 의하면, 이 염료의 이름은 헤라클레스가 사랑했던 요정인 티루스Tyrus의 개가 바다달팽이를 씹은 후 입 주위가 보라색으로 물든 것을 보고 발견한 데서 유래했다고 전해진다.

티루스는 이 색깔과 같은 강렬한 보라색으로 염색한 옷을 원해 헤라클레스에게 어망을 이용해 수천 마리의 고둥을 잡도록 요청해 최초로 티리언 퍼플을 추출했다고 한다. 그러나 실제로 이 염료의 이름은 페니키아의 도시로 해양 무역의 거점이었던 티레Tyre의 이름에서 유래했다. 티레는 역사상 최초로 티리언 퍼플을 채취하고 생산하는 화학 산업으로 부를 축적했다.

어렵게 얻은 염료

티리언 퍼플 염료를 만드는 자세한 방법은 전해지지 않지만 두 종류의 바다달팽이를 이용했던 것으로 보인다. 하나는 대형 뿔고둥Murex trunculus이고, 또 하나는 작은 물레고둥Buccinum lapillus이었다. 작은 물레고둥은 전체를 빻아서 염료를 추출했고, 큰 뿔고둥에서는 아가미 아래샘만을 떼어내 사용했다. 염료를 얻기까지는 길고 복잡한 과정을 거쳐야 했다. 플리니Pliny는 염료를 얻기 위해서는 추출된 달팽이 살을 3일 동안 소금에 절인 뒤 물을 첨가하고 납 솥에서 10일 동안 끓인 후 달팽이 살을 걷어내야 깨끗한 액체가 남는다고 설명했다. 1세기 그리스의 지리학자 스트라보Strabo에 의하면, 염료를 만드는 과정에서 발생하는 악취로 티레 주민들이 불편을 겪었다고 한다. 3600kg의 달팽이 살에서 225kg의 염료가 추출되었을 것으로 추정되며 섞고 고정하는 비법에 따라 이 염료는 시간이 지나면 색이 옅어지는 것이 아니라 오히려 짙어지며 독특한 색깔을 낼 수 있었다.

보라색으로 태어나다

티리언 퍼플은 매우 비싸 기원전 4세기에 활동했던 역사학자 테오폼푸스Theopompus가 "같은 무게의 은과 교환했다"는 기록을 남길 정도였다. 티레는 귀족, 왕족 그리고 황제들이 보라색을 선호하면서 수요가 크게 증가해 염료 공업으로 부를 축적했다. 비잔틴 황제는 황족 외에는 이 염료를 사용하지 못하도록 금지하기도 했다. 황족 아기가 태어났을 때 이 염료로 염색한 천으로 쌌기 때문에 '보라색으로 태어나다'라는 뜻의 그리스어 '포르피로겐네토스Porphyrogennetos'라는 말이 생겨나기도 했다.

푸른 금

합성염료가 등장하기 전에는 다른 염료들도 만들기가 어려웠고 비용이 많이 들었다. 연홍 염료는 1파운드(450g)의 염료를 만드는 데 7만 마리의 연지벌레가 필요했다. 인디고 식물에서 얻는 남색 염료 인디고는 '푸른 금'으로 알려져 있었다. 이 염료 100g을 얻는 데는 37km²에서 재배한 인디고가 필요했기 때문이다.

23,000

조제프 게이뤼삭이 수소를 넣은 풍선을 타고 올라간 높이

1804년 9월 16일 프랑스 화학자 조제프 게이뤼삭Joseph Gay-Lussac은 수소 기체를 넣은 풍선을 타고 혼자서 7016m 높이까지 올라갔다. 이 기록은 약 50년 동안 깨지지 않았다.

수소를 발견한 후 가벼워서 부력이 큰 이 원소의 대량 생산이 가능해지자 18세기 말과 19세기 초에 풍선에 매료된 사람들이 나타났다(33쪽 참조). 샤를리에 수소 풍선의 발명자인 카를로스Dr Charles는 동반했던 부조종사를 내리게 하고 혼자서 상승했다. 가벼워진 풍선은 10분 만에 3050m까지 상승했다. 카를로스는 '나는 하루에 일몰을 두 번 본 최초의 사람이 되었다'고 기록했다.

▲ 프랑스 혁명과 화학 혁명이 낳은 게이뤼삭은 새로운 시대에 필요한 기술자를 양성하기 위해 설립한 에콜폴리테크니크에서 교육받았다.

위쪽의 깨끗한 공기

초기 비행에 사용된 풍선 중에서 과학적으로 가장 생산적인 일을 한 풍선은 프랑스 화학자 조제프 게이뤼삭이 탔던 '원더 키드'였을 것이다. 대학에서 좋은 성적을 받은 그는 클로드 루이 베르톨레에 의해 천재성을 인정받았다. 베르톨레는 게이뤼삭에게 "젊은이, 발견을 하는 것이 자네의 운명이네"라고 말했다고 전해진다.

1804년에 베르톨레는 지구자기장의 세기와 고도 사이의 관계에 대한 논란을 잠재우기 위해 이집트에 수소 풍선을 주문했다. 풍선을 타고 올라가 측정하겠다고 지원한 게이뤼삭과 동료는 다른 높이에서 새를 날려 새들의 행동을 관찰했다. 지구자기장에 대한 측정은 고도와 자기장의 관계를 설명하는 데 실패했다.

9월 16일, 게이뤼삭은 혼자 다시 한 번 풍선을 타고 당시로서는 최고 높이였던 6096m까지 올라갔다. 온도는 −9.5℃로 낮아졌다. '숨쉬는 것이 매우 힘들' 정도로 인간 생존 한계까지 도달했던 그는 '나는 하강할 때와 같은 고통을 어떤 질병으로부터도 받아본 적이 없다'는 기록을 남겼다.

부피의 결합

고도가 높아져도 지구자기장의 세기가 눈에 띄게 약해지지 않는다는 것을 알아낸 자기장의 측정보다 더 중요한 것은 게이뤼삭이 다른 높이에서 수집한 공기 샘플이었다.

실험실로 돌아온 그는 이 샘플을 분석하여 게이뤼삭의 법칙을 포함한 여러 가지 기체법칙들을 발견할 수 있었다. 게이뤼삭의 법칙은 부피가 일정할 때 압력은 온도에 비례한다는 법칙이다(63쪽 참조).

그런데 이보다 더 중요한 것은 게이뤼삭이 화학반응에서 반응물과 생성물의 부피 관계를 명확하게 했다는 것이다. 게이뤼삭이 발견한 법칙에 의하면, 기체 사이의 반응에서 반응물과 생성물의 부피의 비는 간단한 정수비를 이룬다. 예를 들면 두 부피의 수소는 한 부피의 산소와 반응하여 한 부피의 수증기를 만든다. 이것은 원자론과 화합물의 성격에 대한 수수께끼를 푸는 핵심적인 법칙이라는 것이 증명되었다. 예를 들면 돌턴이 상대적 원자량을 잘못 부여하여 물의 분자식을 HO(76쪽 참조)라고 예측했던 것과 달리 이 법칙을 적용하여 분석하면 물의 분자식은 H_2O여야 한다.

▼ 1804년 8월 24일, 장비를 착용하고 동물들과 함께 풍선을 타고 있는 조제프 게이뤼삭과 장 바티스트 비오(Jean Baptiste Biot).

400,000

인류가 불을 처음 사용한 때

현대인의 조상들은 아마도 200만 년 전쯤에 우연히 불을 사용하게 되었을 것이다. 그러나 초기 인류가 40만 년 전에 불을 가정용으로 사용할 수 있도록 유지하고 통제할 수 있었는지에 대해서는 확실한 증거가 발견되지 않았다.

원숭이와 같은 동물이 특정 식물의 역학적 효과를 이용한다는 증거가 일부 있다. 그리고 코끼리들은 해독 효과를 위해 발효된 과일을 찾아 먹는다고 주장하는 사람들도 있다. 이는 동물들이 화학을 이용하는 예라고 할 수 있을 것이다. 아마 인류의 초기 조상들도 그런 기본적인 화학반응을 이용했을 것이다.

인류가 본격적으로 화학반응을 이용했다는 확실한 증거는 오스트랄로피테쿠스를 비롯한 초기 인류가 숯으로 만든 나무와 뼈를 사용한 것이다. 이것은 당시 인류가 불을 사용했다는 증거다. 남아프리카의 원더워크Wonderwerk 동굴에서 발견된 숯은 200만 년 전의 석기와 함께 발굴되었다. 이것은 호모에렉투스가 남긴 유물로 보인다.

화학을 통해 향상된 생활

호모에렉투스는 자연적으로 발생한 불을 사용했을 것이다. 인류는 특히 벼락이나 화산활동처럼 자연적으로 발생하는 불이 많은 지역에서 진화했다. 그러나 불을 적극적으로 이용하기 위해서는 불붙은 나뭇가지를 집어 드는 것보다 더 나은 인식 능력과 사회적 기술이 필요하다. 불의 사용은 인류가 불을 유지하고 필요에 따라 옮겨갈 수 있으며, 연료를 모아 저장하고 불씨를 보존할 때 가능하다. 이런 기술을 습득했을 때 화학을 통한 더 나은 생활이 가능해졌다. 인류는 음식물을 요리하게 되면서 음식물을 획득하고 준비하고 소화하는 동안 버려지는 에너지에 비해 실제로 몸이 사용하는 에너지의 비율을 크게 증가시킬 수 있었다. 또한 활동 시간을 연장하고, 포식자로부터 자신을 보호할 수 있게 되었으며, 낮은 온도에서 살아남을 수 있었다. 창끝을 단단하게 만들고 열처리한 진흙, 접착제, 염료와 같은 물질을 이용해 실험할 수 있게 된 것도 불을 사용했기 때문에 가능했다.

네안데르탈인의 불

인류는 언제부터 불을 통제하고 사용할 수 있게 되었을까? 일부 고인류학자들은 이스라엘의 게셰르 베노트 야코브Gesher Benot Yaaqov 유적지에서 출토된 유물들이 불을 통제하고 사용한 증거라고 해석한다. 이것들은 호모에렉투스가 남긴 것으로 보이지만 이런 해석이 널리 받아들여지지는 않고 있다.

고인류학자인 윌 뢰브룩스Wil Roebroeks와 파올라 빌라Paola Villa에 의하면, 40만 년에서 20만 년 전 사이인 플라이스토세 중기까지 인류는 불을 통제하지 못했다. 이 시기에는 이미 60만 년 동안이나 인류가 빙하기의 유라시아에 살고 있었기 때문에 매우 놀라운 일이다. 뢰브룩스와 빌라는 기술 부분의 중요한 요소로 불을 사용한 사람들은 네안데르탈인과 당시에 존재했던 고인류들이라고 주장하고 있다. 다시 말해 네안데르탈인이 불을 사용한 최초의 인류였을 가능성이 있다는 것이다.

부딪쳐 불을 만들다

물체를 문질러서 불을 만드는 능력은 후기 구석기Upper Palaeolithic 시대에는 개발되지 않았다. 황철광으로 만든 최초의 '부싯돌'은 8만 년에서 4만 년 전의 것으로 추정된다. 불을 만드는 것은 호모사피엔스가 이루어낸 기술로 보인다.

570,000

셀룰로오스의 최소 분자량(g/mol)

자연에 가장 많이 존재하는 유기물은 글루코오스가 긴 사슬로 연결된 고분자인 셀룰로오스이다. 셀룰로오스의 분자량은 최소 57만g/mol이다.

셀룰로오스는 식물을 이루는 물질의 33%를 차지하고 있다(목화는 90%). 셀룰로오스는 매우 강하고 물에 녹지 않아 식물은 강도와 안정성을 제공하기 위한 구조 재료로 사용한다. 셀룰로오스는 물에 잘 녹는 약한 녹말과 같은 성분으로 만들어졌다. 녹말과 셀룰로오스는 모두 글루코오스 분자들이 연결되어 만들어진다. 글루코오스는 단당류다. 따라서 셀룰로오스는 다당류다. 녹말에서는 글루코오스가 모두 같은 방향으로 배열되어 있지만 셀룰로오스에서는 인접한 글루코오스가 180도 다른 방향을 향하고 있다. 셀룰로오스를 이루는 글루코오스 분자의 수는 수백에서부터 목화 섬유의 6000에 이르기까지 다양하다. 목화의 셀룰로오스 분자 길이는 0.04mm나 된다. 글루코오스 사슬에서 뻗어 나온 수산기는 다른 사슬에서 나온 수산기와 수소결합을 할 수 있다. 셀룰로오스에서는 서로 반대 방향으로 배열되어 있는 글루코오스 분자들 때문에 사슬이 조밀하게 쌓여 단단하고 안정한 결정 구조 지역을 만들 수 있다. 이런 두 가지 특징이 결합되어 셀룰로오스의 강하고 물에 녹지 않는 성질이 만들어진다.

인간은 셀룰로오스를 분해하는 소화 효소를 가지고 있지 않아 에너지원으로 사용할 수 없지만 종이를 포함한 나무나 목화 제품을 널리 사용하고 있다. 또 셀룰로오스를 가공하여 만든 필름에 사용하는 셀룰로오스아세테이트나 인조견이라고도 불리는 레이온도 널리 사용하고 있다.

4000만

천연우라늄 1톤에 포함된 에너지(kWh)

농축하지 않은 천연우라늄 1톤으로는 이론적으로 4000만 kWh의 전기에너지를 생산할 수 있다. 이것은 석탄 1만 6000톤 또는 석유 8만 배럴을 연소시킬 때 나오는 에너지와 같은 양이다. 그리고 농축 우라늄 1톤에 포함된 에너지는 1억 6000만 kWh이다.

물질의 에너지밀도는 단위질량으로 얼마나 많은 에너지를 생산할 수 있는지를 나타낸다. 에너지 생산에 사용되는 모든 물질 중에서 우라늄은 가장 높은 에너지밀도를 가지고 있다. 우라늄의 높은 에너지 밀도가 가지는 잠재적 가치를 이해하기 위해 다른 에너지원의 에너지밀도와 비교해보면 좋을 것이다. 1kg의 목재는 1kWh 또는 대략 10MJ의 에너지를 생산한다. 이는 100W짜리 전구를 1.2일 동안 밝힐 수 있는 에너지다. 1kg의 석탄으로는 같은 전구를 3.8일 동안 밝힐 수 있으며, 디젤로는 5.3일 동안 밝힐 수 있다. 에너지밀도가 57만 MJ/kg인 우라늄 1kg을 일반적인 원자력발전소의 연료로 사용하면 같은 전구를 182년 동안 밝힐 수 있으며, '증식로'를 이용하면 2만 5700년 동안 밝힐 수 있다.

국제원자력기구(IAEA)의 자료를 바탕으로 한 1GW의 에너지를 생산하는 발전소를 1년 동안 가동하는 데 필요한 여러 가지 연료의 양.

연료	질량(톤)	동일한 양
석탄	26만	2000화물 열차
석유	200만	10척의 대형 유조선
우라늄	30	한 변이 10m인 연료봉

9000만

CAS에 등록된 유기물과 무기물의 수

미국 화학협회의 한 분과인 CAS The Chemical Abstracts Service는 모든 공개된 물질의 목록인 CAS 목록을 관리하고 있는데, 현재 9000만 종의 물질이 등록되어 있다.

CAS 목록에는 특허, 학술 잡지, 화학물질 목록 그리고 인터넷 소스로부터 새로운 물질이 발견될 때마다 분자 구조, 화학물질의 이름, 분자식 그리고 다른 정보가 수집되어 정리되고 있다. 물질에 부여되는 CAS 등록 번호는 전 세계적으로 그 물질을 식별하는 번호로 사용된다. 이 목록에는 유기물, 무기물, 합금, 배위화합물, 광물, 혼합물, 고분자, 염이 포함되어 있다.

CAS에는 매일 15개의 새로운 물질이 등록되고 있다. 따라서 이 글을 읽는 동안에도 10~15개의 새로운 물질이 공식적으로 '존재'하게 되었을 것이다.

가능한 화학물질의 수는 무한히 많다. 예를 들면 2013년에 듀크 대학의 연구자들이 '모든 가능한 유기 분자를 포함하는 화학 공간'인 화학 우주의 '지도'를 작성했다. 여기에는 10^{60}가지 이상의 분자들이 포함되었다. 이것은 분자량이 500 이하인 작은 유기 분자만 포함한 수다. 다시 말해 CAS 목록에 등록할 후보가 머지않은 미래에 바닥나는 일은 없을 것이다.

2억

합성 분자 중에서 가장 큰 분자인 PG5의 분자량(amu)

돌턴(Da)은 원자론의 아버지인 영국의 과학자 존 돌턴John Dalton의 이름에서 따온 원자량을 나타내는 단위다. 1돌턴은 1amu와 같다(20쪽 참조). 원자량을 나타낼 때는 1amu가 더 널리 사용되고 있다. 그러나 몇몇 분야에서는 아직 돌턴이라는 단위를 사용하고 있다. 특히 분자량이 큰 분자를 다루는 화학 분야에서는 거대한 분자의 분자량을 메가돌턴(MDa)이라는 단위를 이용하여 나타낸다.

자연에는 식물의 고분자인 셀룰로오스와 같은 거대한 분자 즉 '메가분자'가 많이 존재한다(159쪽 참조). 인간은 나일론(56쪽 참조)과 같은 거대한 분자를 합성하는 방법을 알아냈다. 2011년까지 가장 큰 안정한 합성 분자는 폴리스티렌으로, 분자량은 수소 원자질량의 4000만 배(40MDa)나 되었다. 하지만 그해에 취리히에 있는 스위스 연방기술대학 연구팀이 지금까지 합성한 안정한 분자 중에서 가장 큰 분자로 분자량이 200MDa나 되는 PG5에 대한 연구 결과를 발표했다. 이 분자의 분자량은 수소 원자질량의 2억 배나 되었다. 이 연구팀은 고분자화 기술을 이용하여 골격을 만들고 여기에 방사상으로 연결된 기들을 첨가했다. 고무나 탄소섬유가 서로 연결되어 만들어진 것을 하나의 분자로 생각하는 사람들도 있다. 그렇게 본다면 거대한 타이어나 배의 선체가 가장 큰 분자일 수 있다. 다이아몬드도 하나의 분자로 간주할 수 있다. 그런 경우에는 결정 상태를 이루고 있는 백색왜성 BPM 37093은 하나의 다이아몬드여서 지금까지 알려진 분자 중 가장 큰 분자라고 할 수 있을 것이다.

32억

인간 DNA에 포함된 염기 수

DNA는 뉴클레오티드 단위들로 이루어진 분자다. 뉴클레오티드는 염기라고 부르는 질소화합물을 포함하고 있다. 인간의 게놈에는 DNA가 가지고 있는 유전정보의 단위가 되는 32억 개 염기가 들어 있다.

1869년에 스위스 생화학자 프리드리히 미셰르Friedrich Miescher는 백혈구의 커다란 핵에서 처음으로 DNA를 분리해 뉴클레인이라고 불렀다. 그는 병원에서 사용한 붕대를 수거해 많은 양의 뉴클레인을 얻을 수 있었다.

1879년에 독일 생물학자 발터 플레밍Walther Flemming은 세포분열 시 세포핵 안에 염색체가 존재하고 복제되는 것을 관찰했다. 그리고 분석을 통해 염색체가 DNA와 단백질을 포함하고 있다는 것을 알아냈다. 그는 단백질은 복잡한 분자인 반면 DNA는 뉴클레오티드라고 부르는 단위로 이루어진 비교적 단순한 구조를 가지고 있는 분자로 추정했기 때문에 단백질이 유전정보를 포함하고 있는 물질일 것이라고 생각했다. 뉴클레오티드는 인과 데옥시리보스라고 부르는 당 그리고 아데닌, 시토신, 구아닌, 티민의 네 가지 염기 중 하나로 이루어져 있었다.

그러나 1944년에 미국 미생물학자 오즈월드 에이버리Oswald Avery와 그의 연구팀이 DNA가 유전물질을 가지고 있다는 것을 증명하여 DNA 분자구조를 밝혀냄으로써 유전정보를 해독하기 위한 경주를 시작했다. 이 경주에서 승리한 사람은 1953년에 케임브리지 대학의 캐번디시 연구소에서 연구원으로 근무하던 영국의 생물물리학자 프랜시스 크릭Francis Crick과 젊은 미국 미생물학자 제임스 왓슨James Watson이었다. 그들은 염기쌍의 수소결합을 통해 어떻게 두 개의 사슬이 DNA의 이중나선 구조를 형성하는지 보여주었다. 그리고 후에 염기쌍의 서열이 유전정보라는 것이 밝혀졌다.

9,192,631,770

세슘 원자가 내는 마이크로파의 진동수(Hz)

SI 단위 체계에서 1초는 세슘 원자의 바깥쪽 전자가 전이할 때 방출하는 마이크로파가 9,192,631,770번 진동하는 시간으로 정의되었다. 따라서 이 전이를 통해 방출하는 마이크로파의 진동수는 9,192,631,770Hz다.

1967년 이전까지 사용하던 1초의 정의는 지구가 태양을 공전하는 주기를 바탕으로 하고 있었다. 그러나 이것은 일반상대성이론의 측정이나 GPS 작동에 사용하기에는 너무 부정확했다. 절대로 성질을 바꾸지 않고 항상 같은 자연현상은 전자가 높은 에너지 상태에서 낮은 에너지 상태로 전이할 때 방출하는 에너지의 크기다. 이 에너지는 측정 가능한 진동수를 가진 전자기파의 형태로 방출된다. 따라서 이 전자기파는 시간을 측정하는 기준으로 사용될 수 있다.

이러한 '원자시계'에 가장 널리 이용되는 동위원소는 원자번호가 55번인 세슘-183이다. 세슘이 널리 사용되는 것은 54개의 전자가 내부 궤도를 완전히 채우고 있어 매우 안정한 대칭 구조이므로 가장 바깥쪽에 있는 55번째 전자와 거의 아무런 상호작용을 하지 않기 때문이다. 따라서 가장 바깥쪽 전자의 에너지를 정밀하게 측정하는 것이 용이하다. 가장 바깥쪽 전자의 전이로 방출되는 마이크로파는 좁은 선스펙트럼을 만들기 때문에 파장이나 진동수를 정확히 결정할 수 있다. 2013년 이후 미국 국립표준및기술연구소에서 사용하는 세슘 시계의 불확실성은 3×10^{-16}이다. 이것은 1억 년에 1초의 오차가 나는 것과 같은 정도의 정확도다.

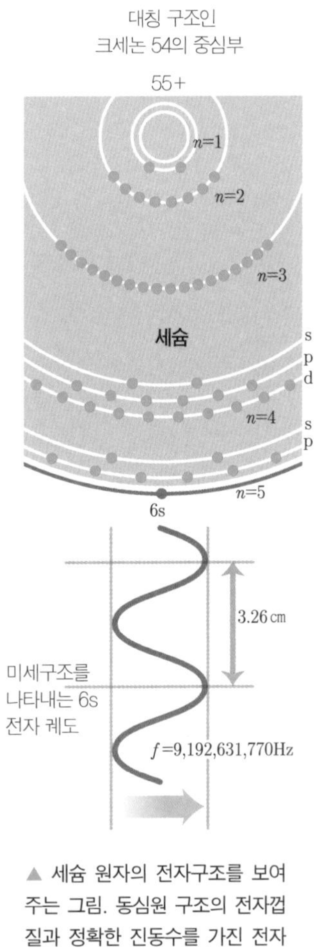

▲ 세슘 원자의 전자구조를 보여주는 그림. 동심원 구조의 전자껍질과 정확한 진동수를 가진 전자기파를 방출하는 홀로 떨어져 있는 가장 바깥쪽 전자가 나타나 있다.

3.7×10^{10}

라듐 1g에서 1초 동안 붕괴되는 원자의 수

방사성의 세기를 나타내는 단위인 퀴리의 정의는 1초 동안 3.7×10^{10}번의 방사성붕괴를 하는 물질의 양이다. 이 단위는 라듐-226 1g에서 1초 동안 붕괴하는 원자의 수에서 유도되었다.

퀴리(Ci)는 방사선의 세기, 사람이 흡수하는 방사선 에너지의 크기, 흡수한 방사성의 생물학적 효과 등을 측정하는 데 사용되는 상호 보완적인 여러 단위 중 하나다. 이런 양들은 전통적으로 사용해온 단위와 새로운 SI 단위를 가지고 있다. 퀴리는 마리 퀴리Marie Curie(40쪽 참조)가 발견한 원소인 라듐의 방사성을 바탕으로 한 단위다. 방사선의 세기를 나타내는 SI 단위인 베크렐(Bq)은 방사선을 발견한 앙리 베크렐Henri Becquerel의 이름에서 따온 단위로 1초에 한 번 붕괴하는 것을 나타낸다. 따라서 1Ci는 370억 Bq이다.

퀴리와 베크렐은 방사성붕괴가 얼마나 자주 일어나는지를 측정한다. 하지만 이것은 방사선의 형태나 사람에게 주는 영향에 대해서는 아무런 정보를 제공하지 않는다. 사람에게 주는 영향은 흡수한 양과 방사선의 종류, 방사선의 에너지에 따라 달라진다. 흡수한 방사선의 양은 전통적으로 1kg당 0.01J의 에너지 흡수를 나타내는 라드(rad)라는 단위를 이용하여 나타낸다. 흡수한 방사선 에너지의 양을 나타내는 SI 단위는 kg당 1J의 에너지가 흡수되는 것을 나타내는 그레이(Gy)다. 따라서 1Gy는 100rad다. 생물학적 효과를 고려한 흡수량은 렘(rem) 단위를 이용하여 나타내는데 미국에서는 아직도 일반적으로 사용되고 있다. 그러나 이 양을 나타내는 SI 단위는 시버트(Sv)다. 1Sv는 100rem에 해당한다.

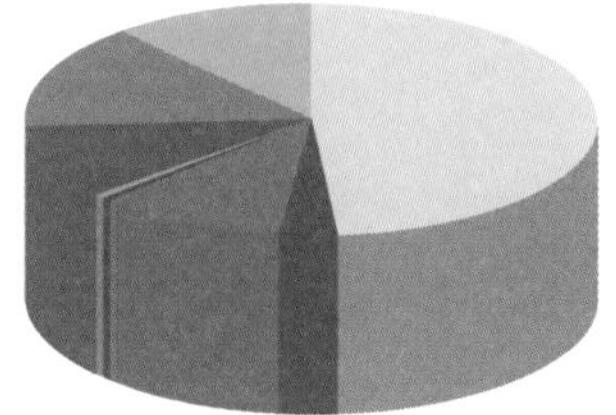

자연적인 방사선

- 라돈 48%
- 내부 12%
- 감마 14%
- 우주 10%

인공 방사선

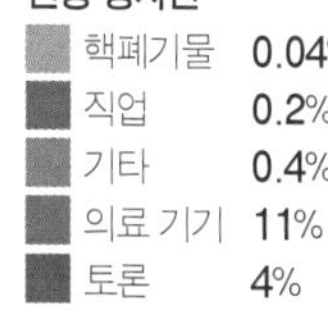

- 핵폐기물 0.04%
- 직업 0.2%
- 기타 0.4%
- 의료 기기 11%
- 토론 4%

▲ 사람은 일생 동안 방사선에 노출되어 살아간다. 사람이 받는 방사선을 방출하는 물질을 나타내는 파이 차트. 가장 많은 방사선은 자연적으로 발생하는 방사선으로, 대부분 라돈 기체가 내는 것이다.

1.7588196×10^{11}

전자의 전하/질량 비(C/kg)

전자의 전하(C)와 질량(kg)의 비는 1.7588196×10^{11}C/kg이다. 전자의 전하와 질량의 비를 결정한 것은 과학 역사상 가장 위대한 발견으로 원자보다 작은 입자의 존재를 증명하는 것이었고, 수천 년 동안 받아들여져온 고대 그리스 원자론을 부정하는 것이었다.

▲ 톰슨은 1906년 노벨 물리학상을 수상했다. 그가 '미립자'라고 부른 입자는 곧 전자라고 부르게 되었다. 톰슨은 전자가 주기율표의 성격을 설명해줄 것이라고 생각했다.

가장 좋은 기회

전자는 1897년에 영국 물리학자 조지프 존 톰슨Joseph John Thomson이 발견했다고 이야기한다. 하지만 그가 실제로 한 일은 음극선을 구성하고 있는 알려지지 않은 입자의 전하와 질량의 비를 결정한 것이었다. 음극선은 유리관에서 대부분의 공기를 빼내 부분 진공상태를 만든 후 밀봉하여 만든 크룩스관을 비롯한 여러 가지 음극선관에서 관측된다. 음극선관에 전류를 흐르게 했을 때 음극에서 나온 빔을 음극선이라 부르게 되었다. 실험을 통해 음극선이 자기장에서 휘어진다는 것과 빛이나 엑스선을 발생시키는 것과 같은 전자기와 관련된 현상을 만들어낸다는 것을 알게 되었다. 따라서 음극선은 과학자들의 주목을 받았다. 1893년에 톰슨은 "음극선에 관한 연구 이외에 전기의 비밀을 밝혀낼 기회를 약속해주는 다른 물리학 분야는 없다"고 했다.

놀라운 아이디어

하인리히 헤르츠Heinrich Hertz를 비롯한 독일 과학자들은 음극선이 빛과 같은 파동이라고 주장했지만 톰슨은 그가 미립자라고 부른 입자의

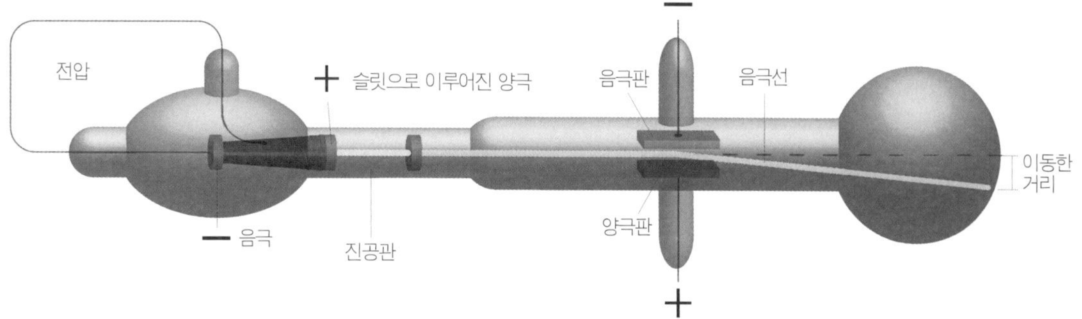

▲ 크룩스관을 개조하여 음극에서 나온 좁은 음극선 빔이 양극 사이의 슬릿을 통과하도록 만든, 톰슨이 사용한 실험 장치의 기본 구조. 음극선이 대전된 판과 전자기 코일(이 그림에는 나타나 있지 않은) 사이를 지나갈 때 받는 전자기장의 영향은 관 우측에 코팅되어 있는 형광 스크린에 나타난 점이 몇 도나 벗어나 있는지를 측정하여 계산할 수 있다.

흐름이라고 확신했다. 남은 문제는 어떤 종류의 입자냐 하는 것이었다. 이 입자는 원자인가 아니면 더 이상 쪼갤 수 없다고 믿고 있던 원자보다 더 작은 입자인가? 음극선이 금박을 통과할 수 있음을 발견한 헤르츠의 연구는 이 입자가 원자보다 더 작은 입자라는 강력한 단서가 되었다. "기체 분자와 같은 크기의 입자가 고체 판을 통과한다는 것은 믿을 수 없는 일이었다." 후에 이 입자들이 원자보다 훨씬 작은 입자라는 것을 알게 된 톰슨은 (−)전하를 띠고 있는 금속판 사이로 음극선을 발사하는 실험을 통해 음극선이 전하를 띠고 있다는 것을 보여주었다.

이렇게 작은 입자의 질량을 직접 측정하는 것은 가능하지 않다. 그러나 만약 질량과 전하의 비를 측정할 수 있다면 이 입자의 정체에 한 발짝 더 다가갈 수 있을 것이다. 톰슨은 입자의 속도를 측정하면 질량과 전하의 비를 계산할 수 있음을 알고 있었다. 그리고 입자에 작용하는 전기장과 자기장이 평형을 이루도록 한 다음 그때의 전기장과 자기장 세기의 비를 알아내 입자의 속도를 알아낼 수 있었다. 그는 이런 실험을 위해 크룩스관을 개조하여 '음극선을 이루고 있는 미립자의 전하/질량 비가 수소 원자의 전하/질량 비보다 1700배나 크다는 것을 발견했다'.

1906년 노벨 물리학상 수상 연설에서 "우리는 미립자의 질량이 수소 원자질량의 1700분의 1밖에 안 된다는 것을 알게 되었고, 따라서 원자는 더 쪼갤 수 없는 물질을 이루는 가장 작은 단위가 아니라는 결론에 도달했습니다"라고 말했던 톰슨의 '미립자'는 전자라고 불리게 되었다. 톰슨은 전자가 주기율표의 성격을 설명할 수 있을 것이라고 생각했다.

6.0221367×10^{23}

아보가드로수

NA라는 기호를 이용하여 나타내는 아보가드로수는 탄소-12 12g 안에 들어 있는 탄소 원자의 수로 정의되어 있다. 정밀한 실험을 통해 아보가드로수는 6.0221367×10^{23}이라는 것이 밝혀졌다.

이탈리아의 법률가 겸 과학자로 아보가드로의 법칙을 제안한 아메데오 아보가드로Amedeo Avogadro를 기념하기 위해 아보가드로수라고 부르는 이 수는 몰이라는 개념을 통해 원자량과 우리가 실제로 측정하는 질량을 연결해주기 때문에 화학에서 매우 중요한 상수다. 1몰은 아보가드로수만큼의 입자를 포함하고 있는 물질의 양을 말한다. 몰이라는 개념은 포톤, 전자, 원자, 이온 또는 분자 등 어떤 입자에도 적용된다.

몰의 힘

몰의 개념은 아보가드로의 법칙으로 알려진 이상기체법칙을 발견한 아보가드로가 처음 제안했다. 아보가드로의 법칙은 같은 온도와 압력에서 같은 부피 속에는 기체의 종류에 관계없이 같은 수의 분자가 들어 있다는 법칙이다. 당시에는 널리 받아들여지지 않았지만 이 법칙은 물질 속에 얼마나 많은 입자들이 들어 있는지를 알려주는 간단한 방법을 제공하기 때문에 화학에서 매우 중요한 법칙이다. 원자나 분자의 수를 세는 것은 가능하지 않다. 그러나 몰 개념을 이용하면 무게를 측정하여 입자의 수를 알아낼 수 있다. 몰의 정의를 이용하면 아보가드로수만큼의 입자의 질량을 g 단위를 이용하여 나타낸

값이 원자량과 같아진다. 때문에 원자량이 12인 탄소-12 1몰의 질량은 12g이다. 따라서 탄소-12 48g을 가지고 있다면 4몰을 가지고 있는 것이다. 만약 이만큼의 탄소가 산소 기체(O_2) 64g과 반응한다면 이 반응으로 만들어진 기체는 이산화탄소가 아니라 일산화탄소라는 것을 알 수 있다. 따라서 몰의 개념은 분석화학자들이 반응물의 무게를 측정하여 반응 생성물의 분자식을 알아낼 수 있게 해준다.

셀 수 없는 것을 세다

아보가드로 자신은 아보가드로 수의 크기를 알아낼 수 없었다. 1908년에 이 수를 아보가드로수라고 부른 사람은 프랑스 물리학자 장 페랭Jean Perrin이었다. 처음엔 로슈미트의 수라고 불렀던 아보가드로수는 1865년에 오스트리아 화학 교사 요제프 로슈미트Josef Loschmidt를 시작으로 많은 사람들이 아보가드로수를 측정하기 위해 노력했으며 그중 제임스 클러크 맥스웰James Clerk Maxwell은 표준상태에서 $1cm^3$ 안에 1.9×10^{19}개의 입자가 들어 있으리라 추정했는데 이를 아보가드로수로 환산하면 4.3×10^{23}이 된다. 켈빈은 기체에 의한 빛의 산란을 이용하여 5×10^{23}이라는 값을 얻어냈다. 그러나 페랭은 작은 입자들에 유체 입자들이 충돌하여 발생하는 브라운운동을 이용하여 아보가드로수가 6.5 내지 6.9×10^{23}이라는 것을 알아냈다. 오늘날에는 엑스선 결정학을 이용하여 매우 정확한 값을 알아내고 있는데 오차는 0.00000001 이하다.

얼마나 큰가?

아보가드로수는 이 책에서 다룬 수들 중에서 가장 큰 수다. 이 수는 너무 커서 쉽게 감이 잡히지 않는다. 지구 인구수의 100조 배나 될 정도로 이 수가 큰 것은 원자가 아주 작기 때문이다. 물 1몰(18g)은 한 스푼 정도 되는 양이다. 아보가드로수만큼의 모래가 있다면 텍사스 주를 15m 깊이로 덮을 수 있다.

참고도서

Ball, Philip, *The Elements: A Very Short Introduction*; Oxford: Oxford Universtiy Press, 2004

Brock, William H., *The Norton History of Chemistry*; W. W. Norton & Co. Inc., London: 1993

Brock, William Hodson, *William Crookes* (1832~1919) *and the Commercialisation of Science*; Aldershot: Ashgate, 2008

Brown, Theodore L., Lemay Jr, H. Eugene, Bursten, Bruce E., Murphy, Catherine J., Woodward, Patrick M., Stoltzfus, Matthew W., *Chemistry: The Central Science*; Prentice Hall, 13th edition, 2014

Crone, Hugh D., *Paracelsus, the Man who Defied Medicine: His Real Contribution to Medicine and Science*; Albarello Press, 2004

Ebbing, Darrell, Gammon, Steven D., *General Chemistry, Enhanced Edition*; Independence, Kentucky: Cengage Learning, 2010

Emsley, John, *The Elements of Murder*; Oxford: Oxford University Press, 2006

Emsley, John, *The Elements*; 3rd Edition, Oxford: Clarendon Press, 1998

Fara, Patricia, *An Entertainment for Angels: Electricity in the Enlightenment*; Cambridge: Icon, 2003

Gratzer, Walter, *Eurekas and Euphorias: The Oxford Book of Scientific Anecdotes*; Oxford: Oxford University Press, 2002

Hartston, William, *The Book of Numbers*; London: Metro, 2000

Heilbron, J. L., ed., *The Oxford Companion to the History of Modern Science*; Oxford: Oxford University Press 2003

Hermes, Matthew; *Enough for One Lifetime: Wallace Carothers, Inventor of Nylon*; Philadelphia: Chemical Heritage Foundation, 1996

Holmes, Richard, *The Age of Wonder*; London: HarperCollins, 2008

Hunter, Graeme K., *Vital Forces: The Discovery of the Molecular Basis of Life*; Academic Press, 2000

Jay, Mike, *The Atmosphere of Heaven: The Unnatural Experiments of Dr Beddoes and His Sons of Genius*; New Haven, Conn.; London: Yale University Press, 2009

Johnson, Stephen, *The Invention of Air: An experiment, a journey, a new country and the amazing force of scientific discovery*; London: Penguin, 2009

Judson, Horace Freeland, *The Eighth Day of Creation: Makers of the Revolution in Biology*; New York: Cold Spring Harbor Laboratory Press, 1996

Kelly, Jack (2004), *Gunpowder: Alchemy, Bombards & Pyrotechnics: The History of the Explosive that Changed the World*; New York: Basic Books

Kinger, Thomas B., ed.; *Nuclear Energy Encyclopedia: Science, Technology, and Applications*; Chichester, Sussex: John Wiley & Sons, 2011

Klaasen, Curtis D., *Casarett & Doull's Toxicology: The basic science of poisons*, 7th Edition; McGraw Hill Medical, 2008

Knight, David, *Ideas in Chemistry: A History of the Science*; New Brunswick: Rutgers University Press, 1992.

Levy, Joel, *A Bee in a Cathedral*; Richmond Hill, Ontario: Firefly Books, 2011

Levy, Joel, *Poison: A Social History*; Stroud, Gloucestershire: The History Press, 2011

Levy, Joel, *The Bedside Book of Chemistry*; Sydney: Murdoch Books Pty Ltd, 2011

Malley, Marjorie Caroline, *Radioactivity: A History of a Mysterious Science*; Oxford: Oxford University Press, 2011

Meli, Domenico Bertoloni, *Thinking with Objects: The Transformation of Mechanics in the Seventeenth Century*; Baltimore: The Johns Hopkins University Press, 2006

Pais, Abraham, *Inward Bound: Of Matter and Forces in the Physical World*; Oxford: Clarendon Press, 1986

Principe, Lawrence M., *The Aspiring Adept: Robert Boyle and his Alchemical Quest*; Princeton: Princeton University Press, 1998

Rhodes, Richard, *The Making of the Atomic Bomb*; London: Penguin, 1988

Timbrell, John, *The Poison Paradox*; Oxford: Oxford University Press, 2008

Week, Andrew, *Paracelsus: Speculative Theory and the Crisis of the Early Reformation*; Albany: State University of New York Press, 1997

Wrangham, Richard, *Catching Fire: How Cooking Made Us Human*; New York: Basic Books, 2009

웹사이트

American Chemical Society acs.org

American Institute of Physics aip.org

American Physical Society aps.org

Bureau International des Poids et Mesures bipm.org

Chemguide chemguide.co.uk

Chemical and Engineering News cen.acs.org

Chemical Heritage Foundation chemheritage.org

Chemicool Periodic Table chemicool.com

ChemWiki: The Dynamic Chemistry E-textbook
chemwiki.ucdavis.edu

Classic Papers from the History of Chemistry
web.lemoyne.edu/giunta

CO_2now.org Earth's CO_2 Home Page: co2now.org

Graphene Manchester's Revolutionary 2D Material:
graphene.manchester.ac.uk

International Atomic Energy Agency iaea.org

International Commission on the History of Meteorology
meteohistory.org

International Energy Agency iea.org

Jefferson Lab, It's Elemental
Periodic Table: education.jlab.org/itselemental/

National Centre for Biotechnology Information
ncbi.nlm.nih.gov

National Institute of Standards and Technology
nist.gov

National Oceanic and Atmospheric Administration
noaa.gov

Oak Ridge National Laboratory ornl.gov

Office of Science and Technical Information osti.gov

Perspectives on Plasmas plasmas.org

Phys.org phys.org

Royal Society of Chemistry, Periodic Table
www.rsc.org/periodic-table

Royal Society of Chemistry rsc.org

Science is Fun in the Lab of Shakhashiri
scifun.chem.wisc.edu

Scripps Institution of Oceanography scripps.ucsd.edu

Steve Lower's General Chemistry virtual textbook
chem1.com/acad/webtext/virtualtextbook.html

The Chem Team chemteam.info

The Discovery of the Electron, American Institute of Physics, 1997
A Look Inside the Atom aip.org/history/electron/jjhome.htm

The International Association for the Properties of Water and Steam iapws.org

U.S. Energy Information Administration eia.gov

U.S. Geological Survey usgs.gov

WebElements periodic table webelements.com

Woods Hole Oceanographic Institute whoi.edu

과학잡지

American Scientist

APS News

Chemical Heritage Magazine

Chemistry World

Education in Chemistry

Nature

New Scientist

Physics Today

Popular Mechanics

Popular Science

이미지 저작권

앞표지 www.shutterstock.com

뒷표지 www.freepik.com

19 © Getty | Stock Montage

22 (left) © Emilio Segre Visual Archives | American Institute of Physics | Science Photo Library

22 (right) © Emilio Segre Visual Archives | American Institute of Physics | Science Photo Library

24 © National Library of Medicine | Science Photo Library

25 © Shutterstock | Alfocome

33 © Creative Commons | Nationaal Archief

35 © FLPA | Alamy

36 (top) © Sheila Terry | Science Photo Library

36 (bottom) © Sheila Terry | Science Photo Library

49 (top) © Shutterstock | Ventin

49 (middle) © Shutterstock | Nathalie Speliers Ufermann

49 (bottom) © Shutterstock | Victor1

56 © Hagley Archive | Science Photo Library

57 © Hagley Archive | Science Photo Library

58 © Creative Commons | Eurico Zimbres

64 © Shutterstock | Everything Possible

65 © Shutterstock | Siim Sepp

66 © Shutterstock | Thanom

67 © Shutterstock | Federico Rostagno

79 © Creative Commons | Alchemist-hp

83 © Shutterstock | Imagedb.com

96 © Shutterstock | Lisa S.

99 © Alexander Semenov | Science Photo Library

105 © Alexander Utkin

113 © Creative Commons | W. Oelen

116 © Shutterstock | Bellena

129 © European Southern Observatory (ESO)

132 © Shutterstock | X Pixel

133 © Shutterstock | Nataliya Hora

Illustrations by Simon Daley.
All other images are in the public domain.
Every effort has been made to credit the copyright holders of the images used in this book. We apologise for any unintentional omissions or errors and will insert the appropriate acknowledgement to any companies or individuals in subsequent editions of the work.